JN412236

LABORATORY EXPERIMENTS FOR
ORGANIC CHEMISTRY

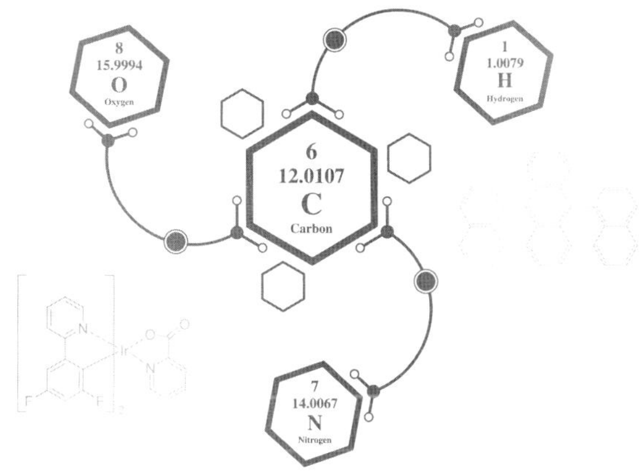

머리말

LABORATORY EXPERIMENTS FOR ORGANIC CHEMISTRY

지금으로부터 46억년 전, 우주의 한 구석에서 떠다니던 기체 상태의 물질들이 수축하기 시작하였다. 대부분의 물질들은 뭉쳐져서 태양이 되었고 나머지는 태양 주위를 공전하는 행성, 행성 주위를 도는 위성, 혜성과 무수한 운석들이 되었다. 행성들 중 지구는 이상적인 크기와 이상적인 위치에 있었기 때문에 액체인 물로 뒤덮이게 되었으며 물 속에서 생명체가 발생하였다. 35억년의 진화를 거듭하는 동안 산과 들의 푸른 나무와 풀에서 꽃이 피고 하늘과 바다에는 새가 날고 물고기가 헤엄치는 매우 아름답고 다양한 생물의 세계가 만들어졌다. 이 아름다운 생물세계는 탄소를 중심으로 하는 몇 가지의 매우 적은 수의 원소로 이루어져 있다. 매우 적은 수의 원소가 무수히 다양한 생물세계를 만들고 있다는 놀라운 비밀을 푸는 가장 핵심이 되는 열쇠가 바로 유기 화학이다.

원자가가 4인 탄소는 4개의 공유 결합을 통해 무한히 많은 방법으로 다른 탄소와 연결될 수 있다. 이 때문에 간단한 메테인으로부터 수십억 개의 탄소로 이루어진 복잡한 생체 고분자까지 무한히 많은 유기 화합물이 있을 수 있다. 지금까지 약 천만 개에 이르는 유기 화합물들이 알려져 있다. 자연계에서 일어나는 모든 생명 현상은 유기 화합물들의 복잡한 상호작용으로부터 비롯된 것이다. 질병을 치료하는 대부분의 의약품, 식품, 염료와 합성고분자 등을 포함하는 매우 많은 물질들이 유기 화합물이므로 유기화학의 범위는 실로 방대할 뿐만 아니라 자연과학의 핵심이 되는 극히 중요한 분야이다.

2011년 과학서적을 주로 출판하는 사이플러스에서 유기화학 실험책을 집필해 달라는 제안을 받았다. 같은 학과의 김윤희 교수와 상의한 끝에 사이플러스의 제안을 받아들이기로 하였다.

지은이들은 가능한 한 학생들이 유기 화합물들이 반응하고 만들어지는 원리를 쉽게 이해하는 데 필요한 실험적인 기초를 제공하면서 두 학기용으로 적합하도록 구성하였다. 어려운 주제도 가능한 한 쉽게 설명하려고 노력하였으며 효과적으로 익힐 수 있도록 필요한 곳에 그림들을 삽입하였다.

이 책은 **1부**와 **2부**로 나누어져 있다. **제1부**는 다섯 개 장으로 이루어져 있으며 유기화학 실험을 수행하는 데 필요한 일반적인 과정을 설명하였다. 제1장에서는 유기화학 실험에 필요한 기본적인 사항들을 설명하였으며, 제2장에서는 실험실 안전 수칙을 서술하였다. 제3장에서는 추출 증류 및 재결정과 관련된 일반적인 사항들을, 제4장에서는 크로마토그래피의 기초를 서술하였으며 제5장에서는 구조 결정에 필요한 분광학적 기초를 설명하였다.

제2부에서는 유기 화학 교과서에 나오는 유기 화학 기본 반응에 따른 '29개'의 실험이 소개되어 있어 유기 화학에서 배운 이론을 실험으로 검증할 수 있도록 구성하다. 제1장에서는 알켄과 알카인의 대표적 화학 반응에 관련한 이론과 실험을 소개하였고 제2장에서는 할로알케인의 반응과 실험, 제3장에서는 산화-환원 반응과 실험, 제4장에서는 친전자성 방향족 치

환 반응과 실험, 제5장에서는 알코올, 페놀, 에터의 반응과 실험, 제6장에서는 알데하이드, 케톤의 반응과 실험, 제7장에서는 카르복실산과 유도체 반응과 실험, 제8장에서는 다이아조늄 염의 형성 반응과 실험을 제9장에서는 유기 고분자 합성 반응과 실험을 소개하였다. 마지막으로 제10장에서는 특히 최근 의약 재료, 전자 재료 등에서 다양하게 사용되고 있는 탄소-탄소 커플링 반응에 대해서 소개 하였다.

지은이들은 학생들이 이 책을 통해 자연과학의 중심적 역할을 하는 유기 화학의 실험적인 양상들을 재미있게 배울 수 있기를 바란다. 화학적 현상을 탐구하고 문제를 해결하면서 과학자로서 보다 발전적인 방향으로 진화하는 데 이 교과서가 도움이 되어야 한다고 생각한다. 이 책을 가르치는 선생님들이나 이 책을 공부한 학생들에게서 어떤 제안이나 비평이 있으면 기꺼이 받아들이겠다. 한 권의 책이 출판되는 데는 여러분의 기여가 필요하다. 이 책을 집필할 기회를 주시고 출판에 필요한 여러 가지를 도와주신 사이플러스 박종성 대표와 직원 여러분께 감사 드린다.

2015년 1월 일

김윤희, 신성철 적음

차례

LABORATORY EXPERIMENTS FOR
ORGANIC CHEMISTRY

LABORATORY EXPERIMENTS FOR
ORGANIC CHEMISTRY

제 1 부

유기화학 실험의 일반적 과정

유기화학 실험을 하려면 가장 먼저 반응에 필요한 여러 가지 실험기구들을 설치하고 사용하는 방법을 알아야 한다. 시약을 옮기고 양을 측정하는 테크닉은 물론이고 반응 용기를 가열하고 식히는 법을 배워야 한다. 이론 수업에서 배웠던 지식을 기초로 반응의 결과가 어떻게 될 것인지 예측하는 능력도 길러야 한다. 제1부에서는 이를 위해 필요한 내용들을 설명할 것이다.

LABORATORY EXPERIMENTS FOR

ORGANIC CHEMISTRY

LABORATORY EXPERIMENTS FOR ORGANIC CHEMISTRY

기본 유기화학 실험

1. 실험기구

1.1 ▸ 실험기구 소개

화학 반응을 시키고 혼합물을 분리하고 반응 생성물을 정제하기 위한 여러 가지 기구들이 개발되어 있다. 화학 반응에 자주 사용되는 기구들을 소개하면 **그림 1-1**과 같다.

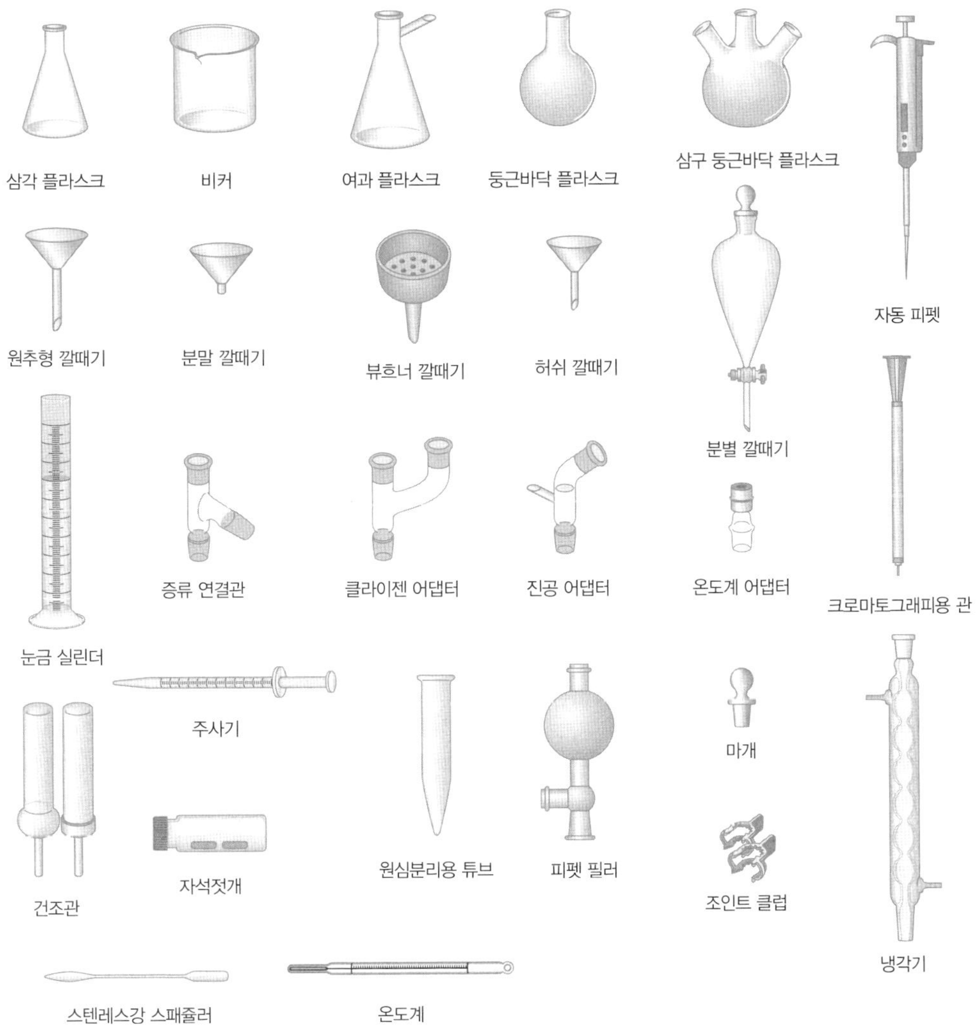

삼각 플라스크
비커
여과 플라스크
둥근바닥 플라스크
삼구 둥근바닥 플라스크
자동 피펫
원추형 깔때기
분말 깔때기
뷰흐너 깔때기
허쉬 깔때기
분별 깔때기
증류 연결관
클라이젠 어댑터
진공 어댑터
온도계 어댑터
크로마토그래피용 관
눈금 실린더
주사기
마개
건조관
자석젓개
원심분리용 튜브
피펫 필러
조인트 클립
냉각기
스텐레스강 스패츌러
온도계

그림 1-1 화학실험에 자주 사용되는 기구들.

둥근바닥 플라스크나 삼각 플라스크처럼 이름이 모양을 나타내는 기구들도 있지만 Büchner 깔때기나 Claisen 연결기처럼 발명한 사람인 Ernst Büchner나 Ludwig Claisen으로부터 유래된 이름도 있다. 환경과 안전 상의 이유 때문에 유기화학 실험은 보통 표준테이퍼 유리기구(standard taper glassware)를 이용하여 작은 규모(< 5 g)로 수행한다. 여러 가지 사이즈의 표준테이퍼 유리기구가 판매되고 있다. 실험하기 전에 유리기구의 갈라진 금이나 흠을 꼼꼼하게 조사하여야 한다. 만약 금이나 흠이 있는 유리기구를 가열하면 깨어져 반응 혼합물이 엎질러지거나 화재가 발생할 수 있다. 표준테이퍼 유리기구들은 표준테이퍼 조인트(standard taper joint)라고 부르는 연결 장치를 통해 여러 가지 목적에 사용될 수 있는 장치로 조립된다. 모든 표준테이퍼 유리기구들의 조인트는 서로 정확하게 일치하고 교환될 수 있도록 정교하게 갈려져 있다. 표준테이퍼 조인트의 사이즈는 기호 ₸*A*/*B*로 표시한다. 여기서 *A*는 바깥쪽 조인트의 최대 내경 또는 안쪽 조인트의 최대 외경을 밀리미터로 나타낸 것이다. *B*는 갈려져 있는 조인트 표면의 전체 길이를 의미한다. 표준테이퍼 조인트 ₸19/22를 도시하면 **그림 1-2**와 같다.

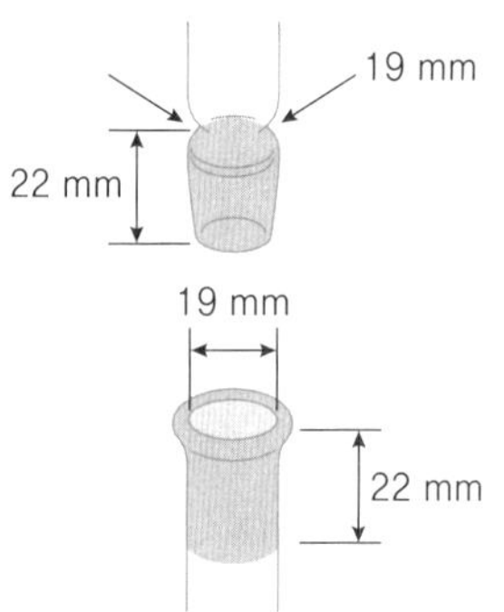

그림 1-2 표준테이퍼 조인트 ₸19/22.

1.2 ▸ 세척과 건조

유기화학 반응을 효과적으로 시키려면 유리기구를 잘 씻어 말려야 한다. 유기화학 반응에 사용되는 대부분의 유리기구는 물이나 적당한 계면활성제를 사용하여 깨끗하게 씻을 수 있다. 유기 오염물질을 제거하는 데는 아세톤, 다이클로로메테인이나 hexane과 같은 유기용매가 이용될 수도 있다. 기름이나 어떤 유기물질은 수산화 나트륨의 알코올 수용액을 이용하면 효과적으로 제거된다. 이 용액은 보통 1 L의 에탄올에 약 100 mL의 물과 100 g의 수산화 나트륨을 혼합하여 만든다. 유리기구를 씻을 때는 장갑을 끼어야 하며 유기용매는 후드에서 사용하여야 한다.

유기화학 반응에 사용한 다음 유리기구는 즉시 씻어 다음 실험을 위해 잘 말려야 한다. 유리기구는 보통 150°C 정도의 오븐에서 1시간 정도 가열하면 말릴 수 있다. 유리기구는 물로 씻은 다음 후드에서 소량의 아세톤으로 헹구어 주면 보다 빠르게 말릴 수 있다.

2. 측정과 옮기기

실험에 가장 중요한 기구 중의 하나가 저울이다. 1~5 g 정도에 해당하는 시약의 무게를 달 때는 1 mg~100 g까지 측정할 수 있는 **그림 1-3**과 같은 윗접시 저울(A) 또는 디지털 저울(B)이 일반적으로 사용된다. 저울의 접시가 흘린 시약에 의해 부식되면 정확도가 크게 떨어지므로 흘린 시약은 즉시 닦아내어야 한다.

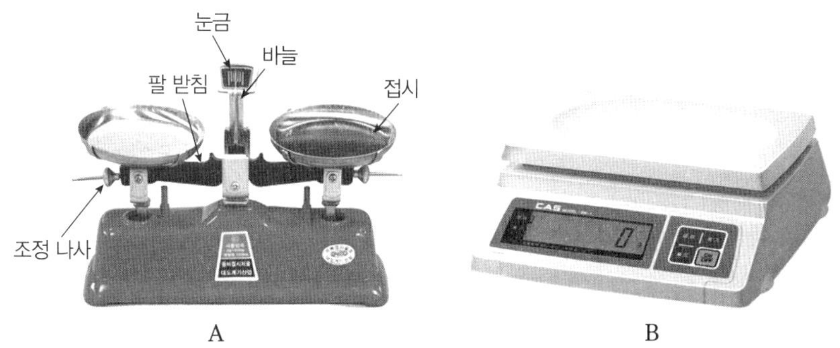

그림 1-3 A: 윗접시 저울, B: 디지털 저울.

2.1 ▸ 무게 달기와 옮기기

고체 시약의 무게를 달 때는 시약을 담는데 비커 또는 바이알과 같은 용기나 무게다는 종이가 사용된다. 어떤 고체 시약의 무게를 달 때는 먼저 저울의 접시에 용기나 종이를 얹고 영점 버튼을 눌러 디지털 판독 스크린을 0에 맞춘다. 약주걱을 사용하여 원하는 무게(허용 오차 1~2%)가 판독 창에 표시될 때까지 고체 시약을 조금씩 가하여야 한다. 예로서, 필요한 시약의 무게가 0.20 g이라면 이 양의 ±0.004 g의 오차가 허용될 수 있다. 무게를 다는 시약이 한계 시약이라면 실험 책에 기술되어 있는 양이 아니라 측정된 실제 양을 기초로 이론적인 수득률을 계산하여야 한다. 고체 시약의 무게가 결정되면 시약을 실수 없이 반응 용기로 옮겨야 한다. 이 때 분말깔때기를 사용하면 시약을 흘리거나 플라스크의 조인트 안쪽에 시약이 묻는 것을 막을 수 있다. 시약이 비커나 바이알에 들어 있을 때는 용기를 천천히 기울여 시약이 미끄러져 나오게 해야 한다. 시약이 대각선으로 접힌 무게 다는 종이에 있다면 옮기는 동안 엄지와 검지로 두 바깥 쪽 가장자리를 겹쳐 잡아야 한다. 용기 벽이나 무게 다는 종이에 달라붙은 시약은 약숫가락을 이용하여 긁어낸다.

액체 시약의 무게를 달 때에도 먼저 저울의 접시에 빈 용기를 얹고 0점 버튼을 눌러 디지털 스크린을 0에 맞춘다. 액체 시약은 해로운 증기를 배출할 수 있는 후드 안에서 취급하여야 한다. 액체 시약의 경우에는 다음 식으로부터 무게나 부피를 측정할 수 있다.

$$\text{부피(mL)} = \frac{\text{무게(g)}}{\text{밀도(g/mL)}}$$

필요한 액체의 무게가 1 g보다 작을 때는 원하는 무게가 될 때까지 빈 용기에 액체를 한 방울씩 가하면 된다. 액체의 부피를 측정하는 기구에는 메스실린더, 피펫, 뷰렛, 주사기 및 눈금 매긴 플라스크와 비커가 있다. 액체의 부피를 측정하는데 사용되는 기구는 정확도가 어느 정도인가에 따라 달라진다. 액체 시약이 용매이거나 제한 시약보다 과량일 때는 피펫이나 메스실린더를 사용할 수 있다. 대략적인 부피를 측정할 때는 눈금 매긴 비커나 플라스크를 사용할 수 있다.

메스실린더는 정확도가 높지 않기 때문에 제한 시약이 아닌 액체의 부피를 측정하는 데에만 사용하여야 한다. 메스실린더는 작은 규모 반응의 시약을 측정하는 데는 사용하지 않는 것이 좋다. 그러나 1 mL보다 많은 추출 용매의 부피를 측정하는 데는 5 또는 10 mL의 메스실린더가 사용될 수 있다. 작은 규모 반응의 작은 부피를 정확하게 측정하는 데는 1, 2 및 5 mL 부피의 피펫을 사용하면 편리하다. 피펫을 채우고 필요한 부피를 피펫에서 밀어내는 데는 **피펫필러**를 사용하여야 한다. 메스실린더와 피펫의 눈금은 볼록한 액체 표면의 바닥을 읽어야 된다. **자동피펫**을 사용하면 0.010~1.0 mL 정도의 작은 부피도 매우 편리하고 정확하게 측정할 수 있다. 작은 양의 액체 시약의 부피를 측정하고 옮기는 데는 주사기도 사용된다. 특히 주사기는 격막으로 밀봉된 시약 병으로부터 불활성 기체 조건 하의 반응 용기로 무수 시약을 옮기는데 편리하게 사용된다.

2.2 ▸ 온도 측정

화학실험에서는 여러 가지 목적으로 온도가 측정된다. 예를 들면, 가열과 냉각, 중탕에서 일정한 온도 유지, 반응 혼합물의 온도 조절, 증류할 때 끓는점 측정 및 생성물의 녹는점 측정 등이 있다. 여러 가지 목적에 적합한 온도계들이 있다. 화학실험실에서는 수은 온도계가 가장 일반적으로 사용되었지만 수은의 독성과 환경오염에 관련된 문제 때문에 최근에는 사용하지 않는다. 디지털 온도계나 알코올 또는 다른 액체 유기물들을 사용하여 제작한 온도계로 낮은 온도에서 높은 온도 범위의 온도를 측정할 수 있다.

3. 젓기와 섞기

불균일한 계나 서로 다른 층을 이루고 있는 용액의 성분들을 균일하게 섞어 주려면 저어 주거나 흔들어 주어야 한다. 균일한 계에서도 조금씩 가한 물질이 용액 전체에 빠르고 고르게 흩어지게 하고 빠르게 녹도록 하기 위해서는 저어 주어야 한다. 자동으로 저어 주는 기구들을 도시하면 **그림 1-4**와 같다. 다량의 무거운 침전물을 포함하거나 점성이 크지 않은 작은 규모의 혼합물에는 자석젓개를 이용하면 편리하다(**A**). 여러 가지 크기와 모양의 테플론 코팅 젓기 막대를 자석 젓개 위 반응 용기에 넣는다. 기계식 젓개를 이용하면 완전히 밀폐된 용기 속의 혼합물을 저어 줄 수 있으며 젓기 속도는 젓개 모터로 조절할 수 있다. 기계식 젓개(**B**)에는 여러 가지 형태의 젓개 막대(**C**)가 연결된다. 이 젓개들은 플라스크의 마개와 정확하게 맞도록 갈린 유리나 테플론 베어링 부분이 있으며 아래 쪽 말단에 유리 또는 테플론 패들이 연결되어 있다. 저어 주는 동안 발생하는 기계적 진동을 피할 수 있도록 젓개의 위쪽 말단은 고무관을 통해 젓개 모터와 연결된다.

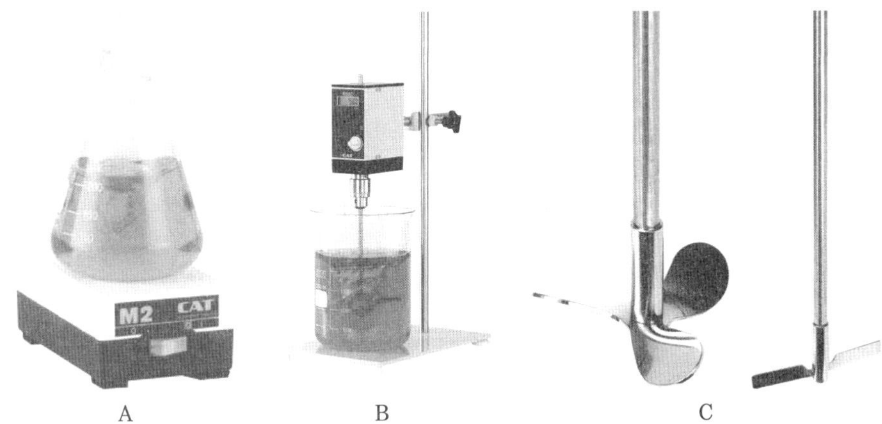

그림 1-4 A: 자석젓개, B: 기계식 젓개, C: 젓개막대.

4. 가열과 냉각

많은 유기화학 반응들은 자발적으로 일어나지 않기 때문에 어떤 때는 일정 시간 동안 가열해 주어야 한다. 전기나 증기 등 여러 가지 에너지 소스를 이용하여 반응 용기를 가열할 수 있으며 사용되는 에너지 소스는 온도, 가열 속도 및 안정성 등에 의해 결정된다. 실험실에서 자주 사용하는 여러 가지 가열장치를 종합하면 **그림 1-5**와 같다.

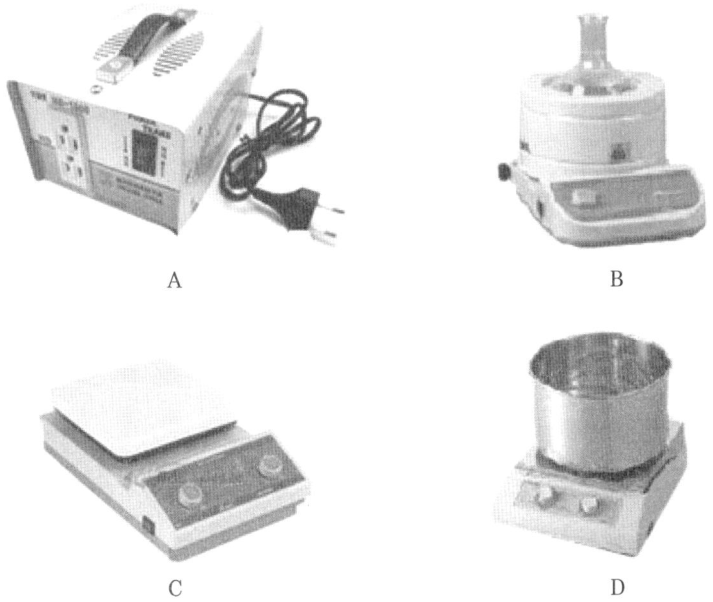

그림 1-5 실험실에서 자주 사용하는 여러 가지 가열장치.

전기에너지를 이용하는 가열장치들은 변압기(A)를 사용하여 전압을 변화시킴으로써 원하는 온도로 조절할 수 있다. 많은 경우 둥근바닥 플라스크의 바닥에 꼭 맞도록 디자인된 맨틀을 사용하여 가열함으로써 여러 가지 반응들을 시킨다. 몇 가지 형태의 맨틀들이 있는데 주로 실험실에서 이용되는 것에는 맨틀의 안쪽 면에 가열선을 덮은 세라믹 벽과 금속 케이스로 이루어진 것(B)과 천 사이에 가열 선이 들어 있는 형(C)이 있다. 일반적으로 50 mL 플라스크에 맞는 것으로부터 여러 가지 플라스크 사이즈에 맞는 것들이 시판되고 있다. 자석젓개 위에 맨틀을 얹은 다음 플라스크를 장치하고 젓기 막대로 저어가면서 반응을 시킬 수 있다. 작은 사이즈나 중간 사이즈(500 mL 이하)의 플라스크를 100°C 이상으로 가열할 때는 자석 젓개로 저어주는 **기름중탕**(D)을 이용하면 편리하다. 중탕용기의 온도는 니크롬선에 연결된 변압기로 조절된다. 화학적으로 매우 안정하며 점성이 크지 않은 실리콘 오일이 비싸지만 효과적이다. 실리콘 오일에는 180°C까지 사용될 수 있는 것과 230°C까지 사용될 수 있는 두 가지 형태가 시판되고 있다. 비교적 값이 싼 파라핀이나 미네랄 오일도 사용할 수 있지만 170°C 이상의 온도에서는 사용할 수 없다. 그러나 이들 기름은 화재의 위험성이 있을 뿐만 아니라 기름에 물이 떨어지면 기름이 튀어 화상을 입을 수 있기 때문에 조심해서 사용하여야 한다. 끓는점이 낮은 가용성 유기용액을 가열할 때는 **증기중탕**이 안전하고 효과적인 방법이다. 정확한 온도 조절을 하지 않아도 되고 100°C 이하로 가열할 때 증기중탕이 효과적이다. 중탕 그릇의 위쪽에 있는 동심고리를 용기에 맞게 제거하고 용액의 표면이 고리에 의해 덮이도록 용기를 장치하고 가열한다. 100°C 이하로 가열할 때는 **물중탕**도 효과적이며 온도를 비교적 정확하게 조절할 수 있다. 물중탕이 원하는 온도에 도달하면 가열판의 온도 조절 장치를 조절하여 일정한 온도로 유지시킬 수 있다. 온도 확인을 위해 물중탕에 장치한 온도계는 용기 바닥이나 벽에 닿지 않아야 한다. 자석젓개를 이용하면 물중탕 전체의 온도를 고르게 유지시킬 수 있다. 비커나 삼각플라스크와 같이 바닥이 평평한 용기를 가열할 때는 가열판을 이용할 수 있다. 가열판에는 보통 온도 조절 장치와 자석젓개 장치가 장착되어 있다.

열풍기는 **그림 1-6**에서 보는 것처럼 보통 뜨거운 공기와 찬 공기를 내뿜을 수 있도록 되어 있다. 열풍기는 유리기구의 습기를 빠르게 제거하는 데도 사용된다. 특히 열풍기는 얇은 막 크로마토그래피의 유리판을 말리고 발색시약이 발색하도록 하는데 유용하다.

그림 1-6 열풍기.

냉각중탕은 발열 반응의 온도를 조절하고 재결정에서 고체결정을 최대로 회수하는 등의 목적으로 사용된다. 열용량이 크고 값이 싸기 때문에 냉매로서 물이나 얼음물이 가장 자주 사용된다. 잘게 부순 얼음에 1/3 무게의 소금을 섞으면 −20°C의 온도를 얻을 수 있다. 얼음과 소량의 물을 섞으면 냉각하는 용기와의 접촉면을 크게 할 수 있다. 잘게 부순 드라이 아이스(고체 이산화탄소)를 아세톤에 가하면 −78°C까지 온도를 낮출 수 있다. 드라이 아이스/아세톤 혼합물을 담는데는 **그림 1-7**에서 보는 것과 같이 일종의 보온병인 **드와 플라스크**(Dewar flask)를 사용하여야 한다. 가열장치나 냉각중탕을 플라스크 밑에 안전하게 들어 올리거나 내리는 데는 **높낮이 받침대**(labjack)를 사용하면 편리하다.

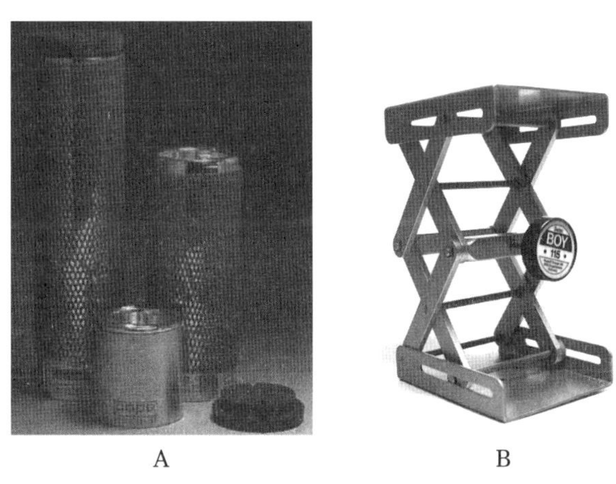

그림 1-7 A: 드와 플라스크, B: 높낮이 받침대.

LABORATORY EXPERIMENTS FOR
ORGANIC CHEMISTRY

2 실험실 안전 수칙

유기화학 실험에는 크고 작은 사고가 발생할 위험이 항상 있기 때문에 실험실 안전에 관한 지식을 익힐 필요가 있다. 이 장에서는 유기화학 실험에서 생길 수 있는 사고들, 사고를 피하기 위해 지켜야 하는 사항, 사고가 발생했을 때 대처하는 방법을 설명한다.

1. 일반적인 수칙

- 실험실 안전 수칙을 만들어 눈에 쉽게 뜨이는 곳에 비치하고 그 내용을 잘 익혀야 한다.
- 안전한 방법이 가장 좋은 실험 방법이다. 실험 계획을 세우고 조교의 지시를 따라야 한다. 어떻게 해야 할지 잘 모를 때는 조교에게 물어야 한다.
- 모든 안전장치와 보호장치의 위치를 파악하고 필요할 때 사용할 수 있어야 한다.
- 실험실에 있는 동안에는 담배를 피우거나 음식물을 먹어서는 안되며 화장 등을 하지 않아야 한다.
- 화학약품을 다룰 때는 실험복, 장갑과 에이프런을 착용하여야 한다.
- 긴 머리나 느슨한 소매 자락의 옷을 입고 작동하고 있는 기계 옆에 가지 않는다.
- 어떤 종류의 장난도 위험하며 실험실에서 뛰어다니지 않는다.
- 실험 도중에는 휴대폰이나 MP3 등을 사용하지 않는다.
- 혼자서 실험하지 않는다.
- 압축 가스통은 잠금 장치를 잘 확인하여야 하며 보호덮개 없이 옮기지 않는다.
- 실험조교가 없는 곳에서 위험한 시약을 사용하는 새로운 실험을 하면 안되며 실험 과정(용매, 규모, 가열 장치, 반응 온도 및 반응 압력 등)을 변화시킬 때는 반드시 조교와 상의하여야 한다.
- 새로운 시약을 처음 다룰 때는 시약 병의 위험 경고문을 잘 읽어보아야 한다.
- 시약 병에는 반드시 표지가 부착되어 있어야 하며 시약을 따를 때는 표지를 보호하기 위해 표지가 손바닥 안에 들어오도록 병을 잡아야 한다.
- 피부에 묻은 시약을 제거하는데 유기용매를 사용하면 안 된다. 유기용매는 시약이 피부를 통해 쉽게 흡수되게 한다.
- 피펫에 용액을 채우기 위해 입으로 빨아당기면 안 된다.
- 실험실을 나갈 때는 반드시 손을 씻어야 한다.
- 실험실을 깨끗하고 질서정연하게 관리하고 사용하지 않는 장비는 서랍 등에 보관하여야 한다.
- 사용하지 않는 장비나 시약을 실험실이나 비상구 앞에 쌓아두면 안 된다.
- 위험한 폐기물은 정해진 지침을 따라 처리하여야 한다.
- 아무리 사소한 사고나 불이 나도 즉시 조교나 학교의 사고 담당부서에 신고하여야 한다.

2. 복장

2.1 ▸ 눈과 안면 보호

화학실험실에 들어가는 사람은 누구나 독성이나 부식성이 있는 화학약품과 떠 다니는 입자들로부터 안면을 보호해야 한다. 실험실에 들어갈 때는 실험을 하든 안 하든 간에 언제나 보호용 고글(**그림 2-1 A**)을 착용해야 한다. 보통의 안경은 눈을 보호하는 데 충분하지 않다. 안면 보호용 마스크(**그림 2-1 B**)는 머리, 얼굴, 목 및 귀를 폭 넓게 보호하는데 효과적이다. 부식성이 큰 액체, 감압 또는 가압 하에서의 유리세공, 고온 또는 저온 액체를 다룰 때나 폭발의 위험이 있는 실험을 할 때는 언제나 안면보호용 마스크를 착용하여야 한다. 자외선 또는 레이저 조사 하에서의 실험을 할 때는 자외선 또는 레이저로부터 눈을 보호할 수 있는 장치가 필수적이다. 콘택트 렌즈나 안경을 착용하는 사람도 보호용 고글이나 안면보호용 마스크를 착용하여야 된다. 눈에 약품이 들어 갔을 때는 즉시 눈을 씻는 것이 매우 중요하다. 눈으로부터 효과적으로 약품을 씻어내는 세척장치 중의 한 가지 예를 소개하면 그림 **2-1 C**와 같다.

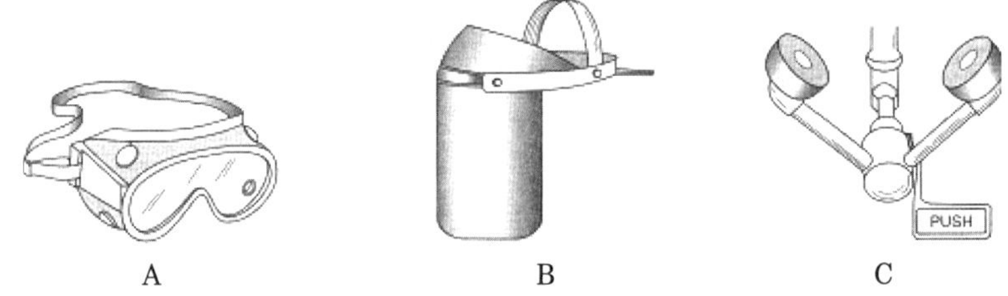

그림 2-1 안면 보호 장비들. A: 안면보호 고글, B:안면 보호용 마스크, C: 눈 세척장치.

2.2 ▸ 실험복

피부는 해로운 환경에 대한 일차적 보호장벽 역할을 한다. 실험실 환경은 해로운 화학약품에 노출되고 있으며 피부가 약품과 접촉하여 손상되면 더 이상 보호 장벽으로서의 역할을 하지 못한다. 게다가 어떤 화학약품들은 피부를 통해 자유롭게 흡수되어 혈액 속으로 들어가면 간이나 신경조직에 해를 끼칠 수 있다. 해로운 약품에 노출되는 피부의 양을 최소화하기 위해 화학적으로 활성이 낮은 천으로 만든 실험복, 에이프런과 장갑을 착용하고 발을 보호하는 신발을 신어야 한다. 실험실에서는 짧은 옷을 입으면 안되며 굽이 높거나 발가락이 노출되는 신발을 신으면 안 된디.

3. 화재 예방

실험실에서 발생하는 인명 피해와 재산상의 손실의 가장 큰 원인은 화재이다. 보고에 의하면 실험실에서 일어나는 화재 중 약 56%는 오후 6시에서 오전 6시 사이에 일어난다. 전기기구와

인화성 액체에서 발생하는 화재가 가장 많으며 그 밖에 인화성 기체로 인한 화재, 폭발사고나 자연발화와 같은 경우도 있다.

3.1 ▸ 전기기구

전기기구의 스파크는 가연성 물질 또는 폭발성 증기의 발화원인이 될 수 있다. 정전도 여러 가지 위험한 상황을 초래할 수 있다. 냉장고나 냉동기의 전원이 끊어져 온도가 올라 갔을 때나 후드의 작동이 멈추었을 때는 가연성 또는 독성 기체가 새어 나올 수 있다. 전기기구에서 생기는 위험을 예방하기 위해서는 다음과 같은 일반적인 수칙을 잘 알아야 한다.

- 전기기구의 전선과 코드는 사용하기 전에 점검하여야 한다.
- 모든 전기코드와 전선은 특히 냉장실이나 물중탕에 가까운 곳 등 젖은 환경에서는 충분하게 절연되어야 한다. 부식성 약품이나 용매는 전선과 코드를 부식시킬 수 있으므로 잘 살펴보아야 하며 손상되었을 경우에는 새것으로 교환하든지 수리하여야 한다.
- 회로 차단기와 차단 스위치의 위치와 작용 방법을 알아 놓아야 하며 화재나 감전사고가 났을 때는 즉시 전기를 차단하여야 한다.
- 확장 코드는 짧은 시간 작동에만 사용하여야 하며 과다 사용하면 안 된다.
- 사용하고 있는 전기기구 주변에 가연성 액체나 물을 흘리지 않도록 조심하여야 한다.
- 50 볼트 이상에서 작동하는 전기기구의 충전부는 유리 등으로 보호하여야 한다.
- 삼봉플러그 전기기구를 사용하여야 한다. 삼봉플러그는 전기합선을 예방하는 접지작용이 있으며 사용자의 감전사고를 막아 준다.
- 높은 전압과 전류를 사용하는 기구는 훈련을 받은 사람만 취급하여야 한다.

3.2 ▸ 가연성 물질

가연성 액체는 휘발한다. 증기는 보통 공기보다 무겁기 때문에 실험실 바닥에 가라앉아 수십 미터 이상 이동할 수 있으며 눈에 보이지 않기 때문에 발화 지점에 도달할 때까지 감지되지 않는다. 대부분의 가연성 액체와 고체는 환원제이다. 아세톤과 같은 것은 강한 환원제이기 때문에 산화제와 격리되어야 한다. 과산화물 같은 강한 산화제는 가연성이 크므로 사용하거나 저장할 때 특히 조심하여야 한다. 실험실에서 사용하는 가연성 고체에는 알칼리 금속, 마그네슘, 금속 하이드라이드, 유기금속들 및 황과 같은 약품들이 있다. 많은 가연성 금속들이 물과 반응하며 이산화 탄소나 분말형 소화제로는 불을 끌 수 없다.

가연성 액체나 고체를 취급할 때는 위험을 방지하기 위해 다음과 같은 일반적인 수칙들을 잘 지켜야 한다.

- 화염, 낡은 전선, 브러시가 장착된 모터나 정류자 전동기의 스파크는 잘 알려져 있는 발화원이다. 표면 온도가 액체나 고체의 자연 발화 온도를 넘어가는 비스파크성 발화원도 있다. 예를 들면, 가열판, 뜨거운 백열전구, 베어링이 불량한 유도전동기의 뜨거운 샤프트 및 찢어졌거나 손상된 가열맨틀 등이 여기에 속한다. 가연성 액체를 사용하는 지역 근처에 있는 모든 발화원에 주의하여야 된다.

- 실험실에는 실험에 실제로 필요한 양의 가연성 액체만 두어야 한다.
- 안전이 검증된 플라스틱, 유리 또는 금속 용기를 사용하여야 한다.
- 가연성 증기가 쌓이는 것을 제한할 수 있도록 뚜껑이 열려 있는 용기로 실험할 때는 실험실 후드를 이용하여야 한다.
- 유리용기를 옮길 때는 병 운반대를 이용하여야 한다.
- 발화점이 낮은 액체(예: 에틸에터)를 큰 깡통에서 따를 때는 정전기 발생을 최소화 할 수 있도록 깡통을 땅에 접지시켜야 한다.
- 가연성 고체에서 발생된 불을 끌 때는 모래를 사용하여야 하므로 실험실에 모래함이 비치되어 있어야 한다.
- 가연성의 물과 격렬하게 반응하는 고체가 피부에 묻었을 때는 잘 털어내고 많은 량의 물로 씻어 내어야 된다.
- Lithium aluminium hydride와 같은 화합물은 이산화 탄소와 폭발적으로 반응하기 때문에 이산화 탄소 소화기를 사용하면 안 된다.
- Palladium, platinum oxide 또는 Raney nickel과 같은 수소화 반응의 촉매들은 화재나 폭발을 일으킬 수 있기 때문에 사용한 다음 조심스럽게 여과하고 깔때기 채로 즉시 물 중탕에 담구어야 된다.
- 많은 경우 화재는 초기에는 규모가 작기 때문에 휴대용 소화기로 끌 수 있다. 나무, 천, 종이, 고무나 플라스틱과 같은 보통의 가연성 물질에서 발생한 불은 거의 모든 종류의 소화기로 끌 수 있지만 물이 가장 좋다.
- 가연성 액체, 기체, 기름 등은 분말 소화기나 이산화 탄소가 효과적이며 물을 사용하면 안된다.
- 전열기에서 발생한 불은 이산화 탄소나 분말소화기를 사용해야 하며 물을 사용하면 안 된다.
- 알카리 금속, 지르코늄, 아연 등과 같은 가연성 금속에서 발생한 불을 끌 때는 모래를 사용하여야 된다.

4. 독성 물질과 부식성 물질

독성 물질이 건강에 미치는 영향은 모호한 경우가 많다. 특히 어떤 화학물질에 대한 만성적 노출이 건강에 미치는 효과는 불분명한 경우가 매우 많다. 화학물질이 건강에 미치는 영향을 설명할 때는 **독성**(toxicity)과 **위해성**(hazard)의 두 가지 용어가 사용된다. 독성은 물리적 특성과 같은 물질의 본질적인 성질이며 생물학적 계에 바람직하지 못한 결과를 일으키는 화학물질의 능력을 의미한다. 위해성은 어떤 물질이 사용 조건 하에서 위해 효과를 나타낼 가능성을 의미한다. 즉, 적절하게 취급한다면 매우 독성이 큰 물질도 안전할 수 있으며 독성이 작은 물질도 잘못 취급하면 위해성이 클 수도 있다. 독성 물질의 유해성은 양, 빈도 및 기간에 따라 달라진다. 어떤 화학물질도 노출량이 많으면 유해할 수 있다. 화학물질이 얼마나 독성이 큰가에 상관없이 인체에 흡수되지 않는다면 해가 없을 것이다.

무기산, 염기 용액 및 산화제 등은 **부식성**(corrosive) 액체이다. 이들이 실험 중에 튀어 피부나 눈에 묻으면 조직의 손상이 매우 빠르게 진행되기 때문에 심각한 위험이 될 수 있다. 브롬, 수산화 소듐 수용액, 황산 및 과산화 수소 등이 특히 위험하다. 부식성 기체나 증기는 신체의 모든 부분에 위험하며 눈이나 호흡기 등에 특히 심각할 수 있다. 암모니아나 염화수소와 같이 물에 대한 용해도가 큰 기체는 코나 목을 심각하게 부식시킬 수 있으며 용해도가 낮은 이산화질소, 포스젠 및 이산화황은 허파 속으로 깊이 침투해 들어갈 수 있다. 수산화 소듐, 수산화 칼륨 및 페놀 등의 부식성 고체는 피부와 눈에 화상을 입힐 수 있다.

실험실에서 가장 많이 일어날 수 있는 노출사고는 **흡입**(inhalation)이다. 특수한 경우를 제외하고는 **섭취**(ingestion)로 인한 사고의 가능성은 매우 낮다. **주입**(injection)될 가능성도 있지만 적절한 보호장갑을 끼고 있다면 가능성이 낮다. 바늘과 칼은 화학실험실에 자주 사용하지 않지만 사용할 필요가 있을 때는 주의가 필요하다. 안전 고글과 안면 보호용 마스크를 착용하고 있으면 눈이나 귀가 독성 물질에 노출될 가능성은 거의 없다. 피부나 옷에 튀긴 약품은 즉시 씻어내면 피부를 통해 흡수될 위험도 크지 않다. 독성 물질의 흡입을 피하기 위해서는 실험실 환기 시설이 잘되어 있어야 한다.

대부분의 독성 평가는 사람에게 위해한지 아닌지에 상관없이 동물실험을 통해 이루어진다. 대부분의 동물실험에서는 독성이 사망에 이르는 효과로 측정된다. 실험 동물의 50%가 사망하는 데 필요한 독성 물질의 양을 치사량이라고 하고 LD_{50}으로 나타낸다. LD_{50}은 실험동물 체중 1 kg 당 물질의 mg량으로 측정된다. 실험동물의 반을 죽이는데 필요한 독성 물질의 공기 중 농도는 LC_{50}으로 나타내고 단위는 주로 백만분의 일을 나타내는 ppm을 사용한다.

5. 그 밖의 실험실 위험 요소들

화재와 독성 물질 외에도 다량의 열이나 독성 물질을 발생하는 격렬한 반응 등 실험실에서 생길 수 있는 여러 가지 위험들이 있다. 몇 가지 중요한 위험들을 종합하면 다음과 같다.

5.1 ▸ 폭발 물질

보통 대학의 화학실험실에서는 폭발성이 있는 물질을 사용하여 실험하는 경우가 매우 드물다. 그러나 폭발 가능성이 있는 물질들은 충격, 온도 또는 화학 반응과 같은 조건하에서 격렬하게 분해된다. 이들 물질은 실험하는 학생들로부터 충분히 격리 저장하여야 하며 폭발성 물질이 생성될 수 있는 반응들을 잘 파악하고 조심하여야 한다.

여러 가지 폭발 물질들 중 빛과 산소가 존재할 때 에터, 특히 고리형 에터로부터 천천히 형성되는 과산화물(R−O−O−R)이 위험하다. 과산화물을 쉽게 형성할 수 있는 예로는 **그림 2-2**에 소개하는 1,4-dioxane, diethyl ether, tetrahydrofuran, carbonyl compounds, cyclohexene, tetralin, benzylic compounds 등이 있다.에터 화합물들은 갈색 병에 넣고 냉장하여야 하며 구입한 날짜를 표지에 기록해 놓아야 한다. 구입한지 3 개월이 지난 에터는 소량의 2%-KI 수용액이나 몇 방울의 염산 또는 황산을 가하고 흔들어 주면서 과산화물의 형성을 체크하여야 한다. 갈색으로 변하거나 전분 존재 하에서 짙은 자주색으로 변하면 과산화물이 존재한다. 이때 $FeSO_4$나 Na_2SO_3 용액을 가하고 흔들어 주면 과산화물이 제거된다. 아자이드-, 나이트로-, 나이트로소-, 다이아조 화합물, 할로젠 치환된 아민 등이 폭발성이 있다. 알카리 금속, 황 알루미늄 등은 스파크 등의 발화원과 접촉하면 폭발한다. 아세틸렌이나 수소 등도 폭발 위험이 있는 기체이다.

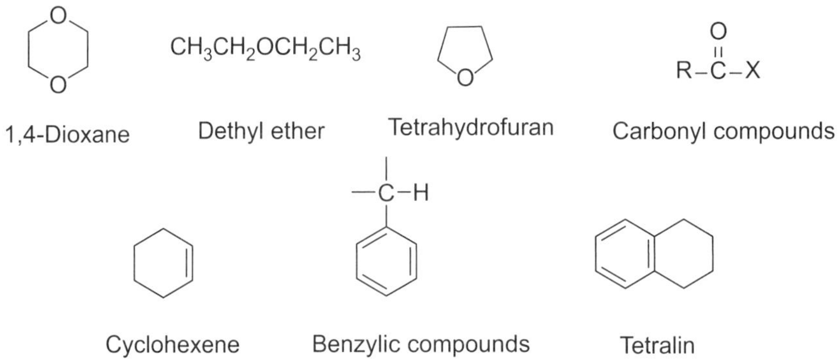

그림 2-2 쉽게 과산화물을 형성하는 화합물들.

5.2 ▸ 강한 산화제와 환원제

쉽게 산소나 브로민, 염소, 플루오린를 발생하는 산화제는 가연성 물질과 반응하여 화재나 폭발을 일으킬 수 있다. 이 반응들은 실온이나 조금 가열했을 때 자발적으로 일어난다. Diborane, Raney Ni 및 인과 같은 환원제도 공기 중에서 쉽게 연소된다. 일반적인 산화제와 환원제를 **표 2-1**에 종합하였다.

표 2-1 강한 산화제와 환원제.

산화제		환원제
Bromine	Nitric acid	Alkali metals
Bromates	Nitrites	Diborane
Chlorates	Perborates	Hydrogen gas
Chromates	Perchlorates	Magnesium
Dichromates	Perchloric acid	Metal hydrides
Hydroperoxides	Periodates	Raney Ni
Hypochlorites	Permanganates	Phosphorus (white)
Inorganic peroxides	Peroxides	Zinc
Ketone peroxides	Peroxyacids	
Nitrates	Persulfates	

5.3 ▸ 습기나 산에 민감한 화합물들

알카리금속, metal hydrides, organometallic hydrides들은 일반적으로 물과 격렬하게 반응한다. P_2O_5, PX_5, PX_3(X = halogen), acetyl chloride, $NaNH_2$, $AlCl_3$, $ClSO_3H$ 및 황산도 물과 격렬하게 반응하며 다량을 열을 발생하기 때문에 취급할 때 조심하여야 한다.

5.4 ▸ 압축기체

그림 2-3 A에서 보는 것처럼 압축기체들은 보통 실린더형의 두꺼운 금속 통에 저장되어 있다. 실린더형 통에 들어 있는 압축 기체들은 압력이 매우 높으며 실린더에는 압력 조절기가 장착되어 있다. **그림 2-3 B**에서 보는 것처럼 거의 모든 압력조절기는 **격막식**(diaphragm type)이며 두 개의 게이지가 달려있는데 하나는 실린더의 압력을 가리키고 다른 하나는 유출압력을 나타낸다. 조절기의 유출구 쪽에는 작은 밸브가 있다. 압력조절기를 실린더에 연결한 다음에 실린더 밸브를 열기 전에 격막 밸브를 시계 반대 방향으로 돌려서 열어준다. 대부분의 경우 기체 유출 속도는 매우 작다. 두 플랜지 격막 밸브를 시계 방향으로 돌리면 기체 유출 속도 또는 압력이 증가한다. 기체를 사용하지 않을 때는 실린더의 맨 위쪽에 있는 실린더 밸브를 시계 방향으로 돌려 잠근다. 실린더로부터 압력조절기를 제거하기 전에는 유출 속도를 0이 되게 하여야 된다.

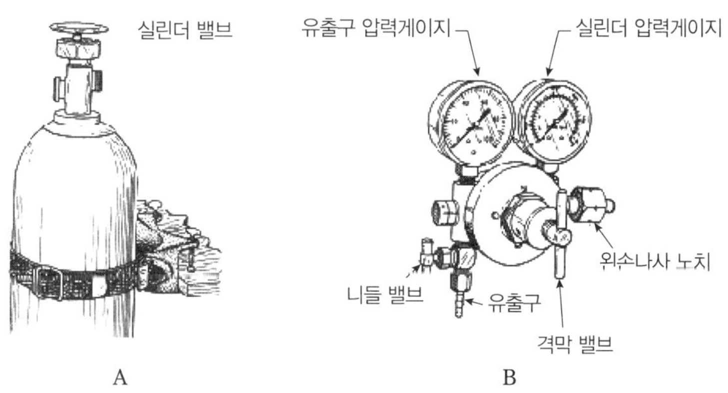

그림 2-3 A: 실린더 형 기체통, B: 기체 압력조절기.

압축기체들에는 가연성, 부식성, 산화성, 불활성 또는 이들 중 몇 가지 성질이 함께 있을 수 있다. 압축기체들은 화학적인 위험과 동시에 매우 큰 압력에서 비롯된 에너지 때문에 취급할 때 주의하여야 한다. 특히 다음과 같은 위험을 피할 수 있어야 한다.

- 보통의 불활성 기체에 노출되면 질식할 위험이 있다. 불활성 기체는 무색 무취이기 때문에 미처 모르는 사이에 빠르게 확산되어 생명에 필요한 기준 이하로 산소의 농도를 감소시킬 수 있다. 폐쇄된 공간에서 불활성 기체를 사용할 때는 산소 모니터링 장비가 있어야 한다.
- 가연성 기체(아세틸렌, 수소, 에탄 등), 산소 및 산화제로 작용하는 기체들은 화재와 폭

발의 위험이 있다. 가연성 기체는 전기 스파크, 불꽃 또는 뜨거운 것과 함께 있으면 안된다. 산와 산화제로 작용하는 기체 자체는 타지 않지만 유기물질들이 연소되게 도와주며 농도가 클수록 연소 속도도 증가된다.

- 부식성이 큰 기체(염소, 염화 수소, 브로민화 수소 등)들은 옷, 피부, 눈 또는 다른 조직들을 부식시킨다. 어떤 기체들은 자체로는 부식성이 없지만 소량의 습기가 있을 때 극도로 부식성이 커질 수 있다. 독성 기체(포스젠, 일산화 탄소 등)에는 매우 적은 양이나 짧은 시간 동안 노출되어도 치명적인 손상을 입을 수 있다.

5.5 ▸ 극저온 물질

끓는점이 −70°C 이하인 물질들은 극저온 물질로 분류된다. 이들은 심각한 동상이나 조직의 괴사를 유발한다. 액체 질소, 산소 및 이산화탄소는 실험실에서 사용하는 매우 일반적인 극저온 물질이다. 모든 극저온 액체는 증발했을 때 매우 많은 부피의 기체를 발생한다. 예로서, 액체 질소는 696배, 산소는 862배, 아르곤은 847배 부피의 기체로 팽창한다. 폐쇄된 공간에서 극저온 액체가 기화되면 질식사고가 일어날 수 있다. 액체 산소는 다른 물질들의 연소를 촉진시키고 액체 수소는 공기와 섞이면 폭발한다.

6. 폐기물 처리

더 이상 사용하지 않거나 버려야 할 시점에 있는 물질들을 폐기물로 정의한다. 유기 실험실에서는 여러 종류의 용매, 산, 염기, 산화제, 환원제 또는 촉매들을 사용한다. 이들로부터 생긴 폐기물들은 하수구를 통해 씻어 내버리거나 폐기물통에 방치해서는 안 된다. 폐기물로 분류된 물질들은 무해성 고체 폐기물, 일반 유기용매, 할로젠 용매, 여러 형태의 유해성 폐기물로 표지된 용기에 따로 모아야 한다. 종이, TLC판, 알루미나, 실리카 겔과 같은 크로마토그래피용 흡착제, 염화 칼슘 또는 황산 소듐과 같은 건조제 등은 수집한 후 일반 쓰레기 매립지로 보내면 된다. 일반 유기용매, 무해성 유기고체들은 소각장으로 보내야 한다. 다이클로로메테인과 같은 할로젠 용매나 할로젠 화합물들은 할로젠 유기물질용 용기에 모은 다음 연소가스로부터 할로젠화 수소를 제거하는 세척기가 장착된 특수 소각기에서 소각되어야 한다. 유해성 폐기물인 $NaHSO_3$와 같은 환원제, 백금촉매, Cr^{+6}, 산화제들은 소각할 수 없으며 특수한 매립지로 보내야 한다. 다른 유해성 및 위험한 폐기물들 적은 양으로 나누어 모아 이들을 전문적으로 취급하는 처리 업체로 보내야 한다.

실험실에서 고체 시약을 떨어뜨렸을 때는 쓸어 담은 다음 적당한 고체 폐기물용 용기에 담아야 한다. 수산화 소듐이나 수산화 칼륨과 같은 강한 염기는 폐기하기 전에 물로 희석하고 $NaHSO_4$로 중화하여야 한다. 흘린 화학물질을 처리하는 방법은 화합물의 종류에 따라 달라진다. 부식성이 있거나 휘발성이 있는 화학물질을 1 g 혹은 1 mL 이상 흘렸을 때, 시약병을 떨어뜨리거나 깨었을 때에는 실험실 조교와 즉시 상의하여야 한다. 다량의 가연성 물질을 흘렸을 때는 즉시 발화원을 제거해야 한다. 다량의 휘발성 물질은 습기가 없는 모래에 흡착시키거나 종이 타월을 사용하여 닦아내어야 한다.

7. 응급 처치

7.1 ▸ 화상

옷에 불이 붙으면 담요, 코트 등으로 덮거나 마룻바닥에 뒹굴어 일단 불을 진화시키는 것이 중요하다. 유기 용매에서 불이 났을 때는 불이 더 크게 번질 수 있기 때문에 물을 사용하면 안 된다. 찬물로 화상 부위를 10분 이상 식혀 화상이 더 이상 진행되지 않게 해야 한다. 화상은 1도에서 3도로 분류된다. 1도 화상은 피부가 붉어지는 정도의 약한 화상이고 물집이 생기는 화상을 2도라고 한다. 2도 화상을 입었을 때는 물집을 터트리면 안되고 크림이나 연고를 발라서도 안된다. 피부 전층이 손상되었을 때를 3도 화상이라고 한다. 2도 화상의 범위가 넓거나, 3도 화상을 입었을 때는 즉시 응급구조를 요청해야 한다. 화상 부위의 옷은 제거하지 말아야 하고 더러운 물건이나 먼지가 화상을 오염시키지 않도록 해야 한다.

부식성 약품에 오염되었을 때는 즉시 다량의 흐르는 물로 씻어내야 한다. 약품으로 오염된 옷은 벗겨야 된다. 화학약품의 종류에 따라 처치가 다르기 때문에 어떤 약품에 오염되었는지를 아는 것이 매우 중요하다.

7.2 ▸ 화학약품이 눈에 들어가거나 잘못 마셨을 때

화학약품이 눈에 들어 갔을 때는 가능한 한 빠르게 흐르는 물로 10~15분 간 계속 씻어내어야 하며 콘택트렌즈는 즉시 제거하고 전문가와 상의하여야 한다. 부식성 약품을 마시면 소화관의 점막이 손상된다. 산은 대량의 우유나 물을 마셔서 토하게 하고 알카리의 경우는 우유, 묽은 식초물 또는 대량의 물을 마셔서 토하게 해야 한다.

7.3 ▸ 구강 대 구강 호흡법

환자의 호흡이 정지되었을 때는 구급차나 전문가가 도착할 때까지 구강 대 구강 호흡을 하여야 한다. 구강 대 구강 호흡법을 도시하면 **그림 2-4**와 같다. 먼저 환자를 바로 눕히고 옷을 느슨하게 한 다음 입이나 목구멍에 이물질이 있는지, 혀가 기도를 막고 있는지를 확인한다. 1) 목을 위로 당기고 머리를 젖힌다. 2) 환자의 이마를 누르고 있는 손의 첫째, 둘째 손가락을 이용하여 환자의 코를 집아 콧구멍을 막는나. 3) 시술사가 숨을 크게 늘여 마시고, 시술자의 입을 환자의 입에 대고, 숨을 빠르게 불어 넣는다. 이 동작을 1분에 12번 정도의 속도로 반복한다. 환자가 입을 다쳐서 입을 통한 인공호흡이 어려운 경우에는 환자의 목을 받치고 있던 손을 떼어서 환자의 입을 막고, 환자의 코를 통해서 숨을 불어 넣어 주며, 숨을 불어 넣은 후에는 입을 막은 손을 떼어서 공기가 밖으로 나오도록 한다. 이 동작을 1분에 12회 반복한다. 매번 숨을 불어 넣기 전에 시술자가 숨을 크게 들여 마셔야 한다. 또한 공기가 나오는지, 환자의 호흡이 돌아왔는지를 확인해야 한다.

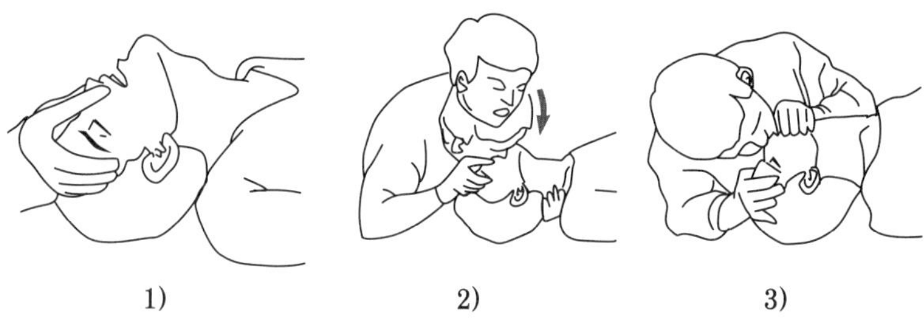

그림 2-4 구강 대 구강 호흡법.

7.4 ▸ 감전

전류를 차단하고 절연재를 이용하여 환자를 전기장치로부터 격리하여야 한다. 호흡이 멈추었을 때는 지체 없이 인공호흡을 하여야 한다.

7.5 ▸ 출혈

출혈이 심할 때는 상처 부위를 심장보다 높게 들어올리고 깨끗한 붕대나 옷으로 출혈 부위를 압박하여야 한다. 출혈이 멈추면 상처를 물로 씻고 붕대를 감은 다음 의사와 상의하여야 한다. 출혈을 멈추기 어려우면 즉시 구급차를 불러야 한다.

3 추출, 증류 및 재결정

1. 추출

추출은 혼합물로부터 어떤 화합물을 선택적으로 분리해 내는 가장 오래된 방법 중의 하나이다. 추출법에는 **고체-액체 추출법**(solid-liquid extraction)과 **액체-액체 추출법**(liquid-liquid extraction)의 두 가지 방법이 있다.

1.1 ▸ 고체-액체 추출법

고체-액체 추출법은 천연재료로부터 음료나 유용한 화합물을 분리하는 가장 일반적인 기술이다. 예로서, 아편 열매나 코카 잎과 같은 약용식물로부터 모르핀이나 코카인과 같은 약을 분리하거나 페퍼민트와 같은 향기식물로부터 멘톨과 같은 향기성분을 분리할 때는 고체-액체 추출법이 이용된다. 여기서 고체는 식물 조직 등이고 액체는 유기용매이며 속슬렛 추출기(Soxhlet extractor)가 사용된다(**그림 3-1**).

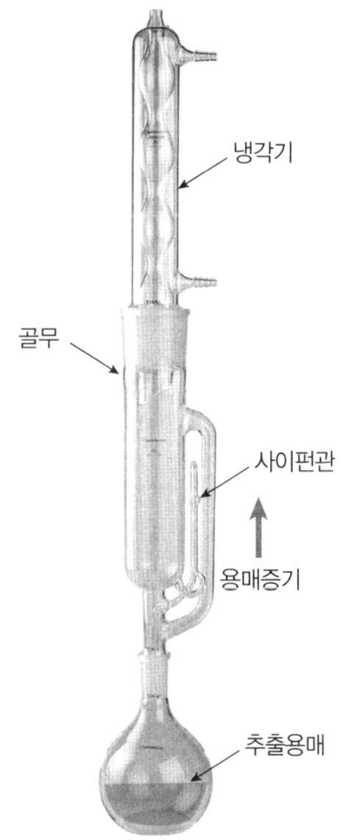

그림 3-1 말린 잎이나 뿌리와 같은 고체로부터 화합물들을 추출할 때 사용하는 속슬렛 추출기.

속슬렛 추출기는 1879년 Franz von Soxhlet에 의해 발명되었다. 속슬렛은 분리하려고 하는 물질이 용매에 녹고 불순물들은 그 용매에 녹지 않을 때 이용한다. 분리하려고 하는 물질을 포함하고 있는 고체 물질을 두꺼운 여과지로 만든 골무의 안쪽에 넣고 속슬렛 추출기의 안쪽에 탑재한다. 속슬렛 추출기의 아래쪽에는 추출 용매를 담고 있는 플라스크를, 위쪽에는 냉각기를 장착시킨다. 용매를 환류시키면 용매증기는 증류관을 타고 올라가 냉각기에서 응축된 다음 속슬렛 추출기 안쪽의 골무 속으로 떨어진다. 고체를 담고 있는 속슬렛은 천천히 용매로 채워지고 분리하고자 하는 화합물은 용매에 녹아 나온다. 속슬렛이 용매로 거의 채워지면 자동으로 용매가 사이펀 관을 따라 플라스크 쪽으로 내려가고 속슬렛이 비워진다. 이 과정은 여러 시간 또는 여러 날에 걸쳐 여러 번 반복될 수 있다. 추출이 끝나고 용매가 제거되면 추출된 화합물이 얻어진다.

1.2 ▸ 액체-액체 추출법

유기화학 반응에서는 일반적으로 여러 가지 유기 또는 무기 부생성물들이 생성된다. 뿐만 아니라 출발물질도 완벽하게 없어지지 않고 반응 혼합물에 남아있기 때문에 필요한 생성물을 이들로부터 분리 정제하는 **마무리**(work-up) 과정이 필요하다. 액체-액체 추출법은 가장 많이 이용되는 마무리 과정이다. 액체-액체 추출에서는 한 액체상에 녹아 있거나 **현탁**(suspend)되어 있는 물질이 다른 액체상으로 **이동**(transfer)한다. 두 액체상 사이에 **분배**(partition)되는 물질의 비가 일정하기 때문에 이와 같은 이동이 일어날 수 있다.

두 액체상 사이에 녹는 화합물의 분배는 **Nernst 분배법칙**으로 설명된다. 이 법칙에 의하면 두 개의 서로 섞이지 않는 액체상 A와 B에 녹아 있는 물질 C의 농도 비는 주어진 온도의 평형에서 일정하며 이 비 K를 분배 계수(partition coefficient)라고 한다.

$$K = \frac{C_A}{C_B}$$

추출 용매(A)에서의 용해도가 다른 용매(B)에서 보다 훨씬 클 때 효과적으로 추출된다. 대부분의 액체-액체상은 물(B)과 유기용매(A)로 이루어져 있다. 추출에 이용되는 유기용매는 물과 섞이지 않으며 물보다 무겁거나 가볍기 때문에 물의 위쪽이나 아래쪽 액체상을 형성한다 (**그림 3-2**).

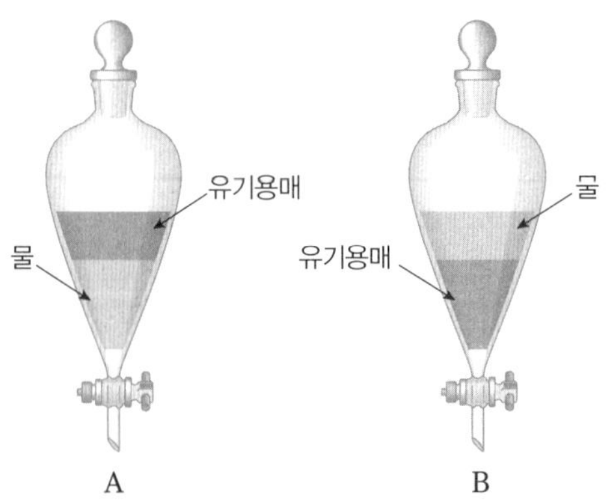

그림 3-2 A: 유기용매가 물보다 가벼울 때, B: 유기용매가 물보다 무거울 때.

표 3-1 추출에 이용되는 용매.

용매	bp(°C)	밀도(g/mL)	용매	bp(°C)	밀도(g/mL)
Diethyl ether	35	0.71	Chloroform	62	1.48
Pentane	36	0.62	Hexane	69	0.66
Dichloromethane	40	1.32	Ethyl acetate	77	0.90

추출 용매는 증발시켜 제거하기 때문에 끓는 점이 낮은 용매가 편리하다. 추출에 많이 사용하는 유기용매를 종합하면 **표 3-1**과 같다.

1.3 ▸ 추출하기

추출은 후드에서 하여야 한다. 적당한 크기의 분액깔때기를 이용하면 보통 몇 백 밀리그램에서 몇 그램 정도의 양을 추출할 수 있다. 추출에 사용하는 유기용매 상은 수용액 상의 30% 정도가 적당하다. 유기용매 상과 수용액 상으로 이루어진 혼합물을 깔때기를 이용하여 분액깔때기에 넣고(**그림 3-3 A**) 잠금꼭지와 마개를 채운 다음 두 손으로 분액깔때기를 잘 쥔다. 분액깔때기를 잠금꼭지가 위쪽, 다른 사람이 없는 방향을 향하도록 천천히 거꾸로 뒤집은 다음 잠금꼭지를 열어 분액깔때기 내에 과하게 걸린 증기압을 낮추어 준다(**그림 3-3 B**). 이 과정을 생략하면 분액깔때기의 과하게 걸린 증기압 때문에 마개와 동시에 용액이 튕겨나갈 수 있다. 끓는점이 낮은 diethyl ether나 dichloromethane과 같은 용매를 사용하고, 소량의 산이 들어 있는 유기용매 상을 묽은 탄산 소듐이나 탄산수소 소듐의 수용액으로 처리할 때는 특히 주의하여야 된다. 처음 분액깔때기를 한 번 뒤집은 다음 잠금꼭지를 열어 증기를 제거하고 그 다음부터는 뒤집었다 바로 세우기를 세 번 정도 반복할 때마다 증기를 제거한다. 격렬하게 뒤집으면 에멀젼이 생길 수 있으므로 천천히 뒤집어야 한다. 이 과정을 두 세 번 반복한 다음 지지고리 위에 1분 가량 방치하면 상분리가 일어난다(**그림 3-3 C**).

아래쪽 층이 유기용매이면 마개를 열고 잠금꼭지의 천천히 조절하여 두 상의 경계면이 잠금꼭지에 도달할 때까지 비커나 플라스크에 아래층을 받는다. 그런 다음 새로운 용매를 분액깔때기에 가하고 추출 과정을 반복한다. 위쪽이 유기용매일 때는 분액깔때기의 위쪽으로 위층을 플라스크나 비커에 따르고 새로운 용매를 아래층 위에 붓고 추출을 반복한다. 일반적으로 세 번에서 다섯 번 정도 반복 추출한다.

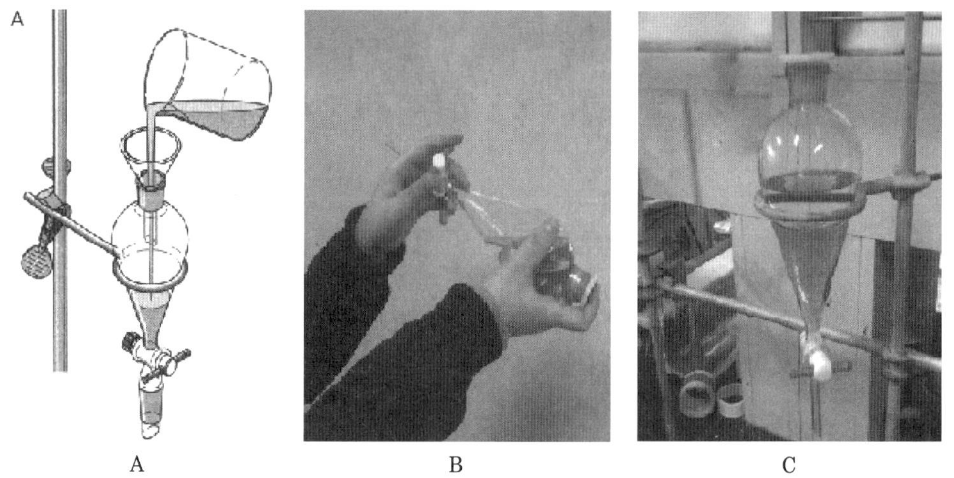

그림 3-3 분액깔때기를 이용하여 추출하기.
A: 용액의 따르기, B: 분액깔때기를 잡고 흔들기, C: 상분리를 위해 방치하기.

추출이 끝나고 두 액체층이 분리되고 나면 유기용매층을 물로 씻고 묽은 산 또는 염기 용액으로 씻어 준다. 예로서, 염기시약을 사용한 반응에서는 염기성 물질이 소량 포함되어 있는 유기추출물이 얻어진다. 이 염기성물질들은 5% 염산 수용액으로 씻어준다. 마찬가지로 산성 용액으로부터 얻어진 유기 추출용액은 5% 탄산 소듐 또는 탄산수소 소듐으로 씻어준다. 추출 용액의 중화 과정에서 형성된 염들은 물에 매우 잘 녹기 때문에 수용액층으로 이동한다. 추출 용매는 보통 마지막으로 다시 한번 물로 씻어주는 단계를 거친다. 이들 과정이 끝나면 유기용매에 소량의 무수 황산 소듐 또는 무수 황산 마그네슘과 같은 건조제를 넣고 수분을 제거한다. 혼합물을 여과한 다음 **그림 3-4**에서 보는 것과 같은 **회전식 증발기**를 이용하여 감압 하에서 용매를 날리면 추출된 물질이 분리된다.

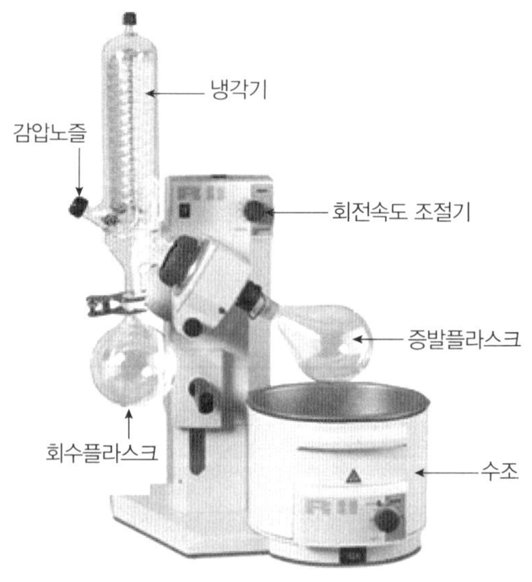

그림 3-4 회전식 증발기.

물로부터 유기용매로 추출되는 물질의 분배계수가 2.0보다 작을 때는 추출 효율이 떨어진다. 이 때는 NaCl 또는 Na_2SO_4의 포화용액이나 이들 고체 자체를 수용액층에 가해주는 **염석**(salting out) 처리가 도움이 된다. 수용액층에 이들 염이 녹아 있으면 유기물질의 용해도가 감소하므로 분배계수가 커지고 유기물질은 수용액층으로부터 유기용매층으로 더 많이 이동한다.

서로 녹지 않는 두 가지 액체의 한 쪽이 미세한 입자 상태로 다른 쪽에 분산되어 있는 상태를 **에멀전**(emulsion)이라고 한다. 에멀전이 형성되면 전체 혼합물이 뿌연 상태가 되며 섞이지 않는 층의 분리가 어려워진다. 디에틸 에터로 추출할 때는 에멀전이 잘 형성되지 않지만 방향족이나 다이클로로메테인과 같은 염소 원자를 포함하고 있는 유기용매에서는 종종 형성된다. 에멀전이 한번 형성되면 풀기가 쉽지 않기 때문에 에멀전이 생기지 않도록 하는 것이 중요하다. 방향족이나 염소 원자를 포함하고 있는 유기용매를 사용하여 추출할 때는 격렬하지 않게 분액깔때기를 천천히 뒤집거나 2분 정도 천천히 돌려주면서 추출하면 에멀전 형성을 예방할 수 있다. 에멀전이 형성되었을 때는 원심분리하거나 셀라이트 패드를 채운 관을 통과시키면 두 액체상을 분리할 수 있다.

2. 증류

2.1 ▸ 액체 혼합물의 증류

증류는 끓는점이 다른 두 개 이상의 액체 성분을 증기압의 차이를 이용하여 분리하는 방법이다. 증류는 1세기경 알렉산드리아의 연금술사들이 처음으로 이용하였다. 여러 가지 크기의 에너지를 가지고 움직이는 액체 분자들은 액체 표면에서 증기상으로 이동하고 증기상에 있는 분자들이 액체 표면에 도달하면 액체상으로 들어간다. 액체를 가열하면 보다 많은 분자들이 증기상으로 들어가고 식히면 증기상에서 액체상으로 이동한다. 닫힌 계의 평형 상태에서는 분자들이 액체상에서 증기상으로 이동하고 같은 수의 분자들이 증기상에서 액체상으로 이동한다. 이때 평형의 정도는 증기압으로 측정된다. 에너지가 증가하여 보다 많은 분자가 액체상에서 증기상으로 이동할 때도 동시에 증기상으로부터 액체상으로 이동하는 분자수가 증가하기 때문에 평형이 유지된다. 그러나 증기상의 분자수가 증가하면 증기압이 증가한다.

서로 다른 두 액체 혼합물의 위에 있는 증기에는 각 액체 분자들이 있다. Pentane과 hexane 혼합용액의 증기압과 온도의 상관관계를 도시하면 **그림 3-5**와 같다. 액체의 증기압이 외부 압력과 같을 때 액체는 끓는다. **그림 3-5**에서 보는 바와 같이 표준 대기압(760 mmHg)에서 이들 순수한 액체의 끓는 점은 각각 36°C와 69°C이다. 이들이 순수한 액체를 증류한다면 액체의 끓는점은 증기의 온도와 같고 증류를 하는 동안 일정하게 유지될 것이다.

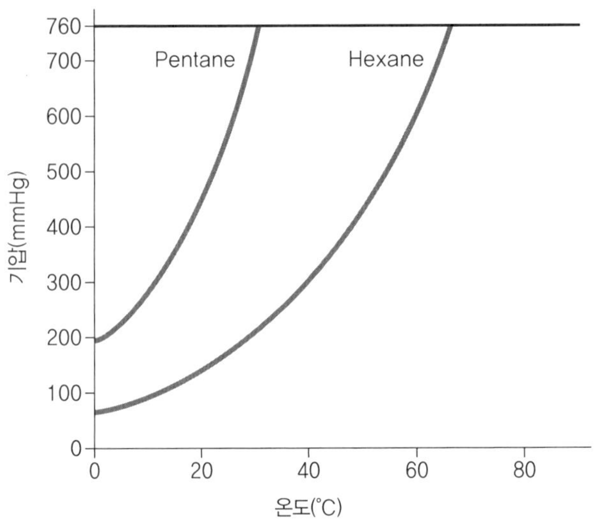

그림 3-5 증기압과 온도의 상관관계.

증류의 이상적인 모델은 Raoult의 법칙과 Dalton의 법칙을 따른다. Raoult의 법칙에 의하면 pentane과 hexane의 혼합용액에서 pentane의 증기압은 순수한 pentane 증기압과 액체 상태 혼합물에서 몰분율을 곱한 것과 같다.

$$P_{pen} = P_{pen}°N_{pen}$$

여기서 P_{pen}는 pentane의 부분 증기압이고 $P_{pen}°$는 주어진 온도에서 순수한 pentane의 증기압이다. N_{pen}는 혼합용액에서 pentane의 몰분율이다. 마찬가지로 hexane에 대해서는

$$P_{hex} = P_{hex}°N_{hex}$$

용액 위의 전체 증기압(P_{tot})는 pentane과 hexane 부분 증기압의 합과 같다.

Dalton의 법칙에 의하면 주어진 온도에서 증기 상에 있는 pentane의 몰분율(N_{pen})은 그 온도에서 pentane의 부분 증기압을 전체 증기압으로 나눈 것과 같다.

$$N_{pen} = \frac{P_{pen}}{\text{전체 등기압}}$$

1.0 기압에서 pentane/hexane 혼합용액에 관한 온도와 조성의 관계를 도시하면 **그림 3-6**과 같다.

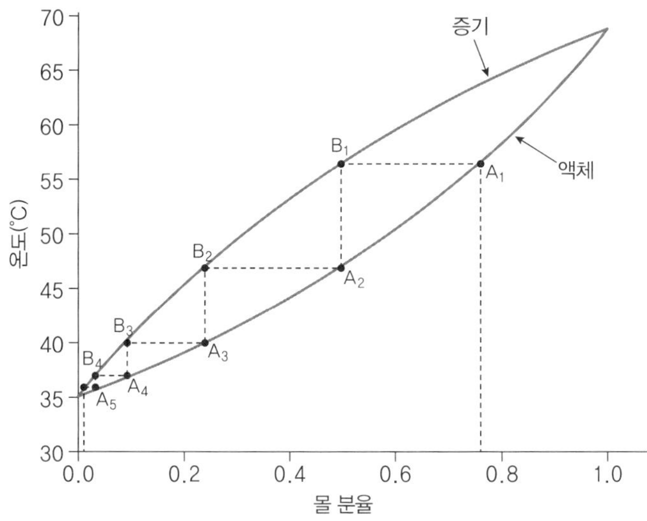

그림 3-6 1기압 하에서의 pentane/hexane 혼합용액의 온도 조성 상관관계.

25%의 pentane과 75%의 hexane 몰 조성으로 이루어진 처음의 혼합용액 A_1에서 시작하여 점선을 따라가 보자. 이 혼합물은 57°C에서 끓으며 52%의 pentane과 48%의 hexane의 몰 조성으로 이루어진 증기 B_1을 형성한다. 끓는점이 낮은 조성의 몰분율이 액체에서보다 증기에서 더 커진다. B_1이 응축되어 형성된 액체는 A_2인데 이것의 조성은 B_1과 같다. A_2가 증발하여 생성된 증기 B_2에는 pentane이 더 많아진다. 끓이기와 응축을 여러 차례 반복하면 순수한 pentane이 얻어진다.

Pentane 증기가 제거됨에 따라 남아있는 액체에는 pentane의 비율이 감소하게 된다. 이때 끓는점이 더 높은 hexane의 비율이 증가하게 된다. Hexane의 몰분율이 증가함에 따라 액체의 끓는점은 순수한 hexane의 끓는점인 69°C에 도달할 때까지 증가한다. 이와 같은 방법으로 hexane도 순수하게 분리할 수 있다. 증발과 응축을 반복하는 이 과정을 **분별증류**(fractional distillation)이라고 한다.

끓는점의 차가 클수록 분리가 쉬워진다. 예로서, 끓는점의 차가 33°C인 pentane/hexane 혼합용액 보다 끓는점의 차가 90°C인 pentane(36°C)/octane(126°C)인 혼합용액으로부터 각 화합물은 두 번 정도의 증발과 응축 과정을 거치면 분리된다. 두 번이나 세 번 정두 이하의 증발과 응축을 거치는 증류를 **단순증류**(simple distillation)라고 한다. 끓는점의 차가 70°C 이하인 액체 혼합물은 단순증류로는 효과적으로 분리할 수 없다.

2.2 ▸ 증류장치와 증류

❙ 단순증류

1~50 mL 정도의 양을 증류할 때는 그림 **그림 3-7A**에 도시한 것과 같은 작은 규모 증류장치를 사용하면 편리하다. 증류플라스크와 받는 용기 사이의 거리가 짧기 때문에 증류 헤드나 냉각기에서 일어나는 증류액의 손실을 줄일 수 있다. 온도계는 온도계 봉이 증기에 완전히 잠

기도록 증류 헤드에 결합되어야 한다. 냉각기 아래에 있는 가지는 감압증류를 위한 진공 소스에 연결될 수 있다. 받는 용기는 단순한 플라스크일 수도 있고 회전 연결기를 통해 여러 개의 플라스크와 결합될 수도 있다. 회전 연결기는 받는 플라스크를 교환할 때 생기는 감압 상태를 교란시키지 않아도 되기 때문에 감압 하에서 이루어지는 증류에 특히 유용하다.

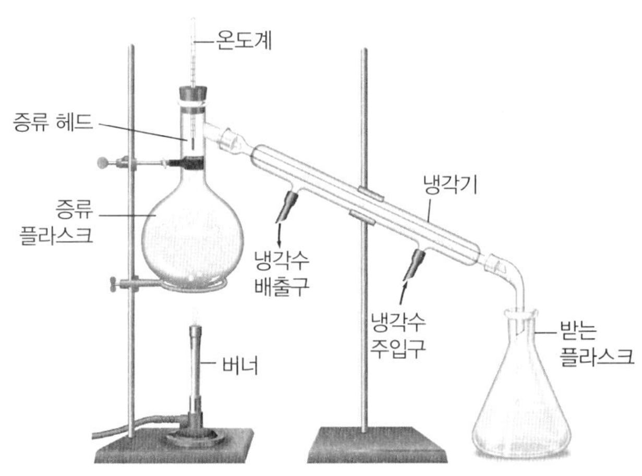

그림 3-7 단순증류장치.

50 mL 이상의 양을 대기압 하에서 증류할 때는 **그림 3-7**에 도시한 단순증류장치를 이용한다. 증류장치들은 증류플라스크 아래쪽에 가열장치를 쉽게 넣고 뺄 수 있도록 적당한 높이의 지지대에 안전하게 고정시켜야 된다. 증류장치를 **그림3.7**에 도시한 것처럼 조립한 다음 냉각수 호스를 냉각기의 아래쪽 주입구에 연결한다. 증류액은 증류플라스크의 1/3~1/2 정도 채우고 **튐**(bumping)이 일어나지 않도록 **끓임쪽**(구멍이 많은 사기 조각 또는 모세관)을 조금 넣는다. 많은 양의 증류액을 증류플라스크에 채우고 증류하거나 끓임쪽을 사용하지 않으면 증류액이 냉각관 쪽으로 갑자기 튄다. 천천히 가열하여야 효과적으로 증류되기 때문에 맨틀이나 기름 중탕 등을 이용하여 증류플라스크를 천천히 가열하여야 한다. 마지막 남은 소량의 액체을 증류하는 것은 불순물들이 증류액을 오염시킬 수 있기 때문에 좋지 않다. 증류가 끝나면 증류액의 순도를 기체 또는 액체크로마토그래피 등을 이용하여 확인하여야 한다.

분별증류

분별증류에서는 증류액을 모으기 전에 증발과 응축이 여러 번 반복해서 일어난다. **그림 3-6**에 도시한 것처럼 각 주기의 증발과 응축마다 보다 휘발성이 큰 화합물이 증기 속에 점점 많아진다. 분별증류관에서 증발과 응축의 주기가 여러번 반복해서 일어나면 혼합물을 구성하고 있던 성분들이 효과적으로 분리될 수 있다. 증류플라스크와 증류장치의 증류 헤드 사이에 삽입되는 분별증류관은 액체/증기 평형이 여러 번 반복해서 일어나는 표면적을 매우 크게 한다. 관을 통해 증기가 올라가면 식혀져서 응축되고 응축된 액체는 아래로부터 올라오는 뜨거운 증기와 접촉하면 다시 증기가 된다. 이와 같은 과정은 여러 번 반복된다. 분별증류관의 역할이 효과적이라면 관의 꼭대기에 있는 증류 헤드에 도달한 증기는 끓는점이 보다 낮은 성분으로만 이루어져 있게 된다.

분별증류관의 효율은 **그림 3-6**에 도시한 그래프의 수평선의 수로 나타낼 수 있다. 예로서, 증류되는 처음 용액이 pentane과 hexane의 몰분율이 25%와 75%이고 분별증류관에 한 개의 이론적인 수평선이 있다면 관의 꼭대기에서 수집되는 액체는 몰분율이 48%와 52%(A_2)의 pentane과 hexane으로 이루어져 있을 것이다. 만약 관에 두 개의 이론적인 수평선이 있다면 증류된 액체는 73%의 pentane과 27%의 hexane으로 이루어진 몰분율(A_3)를 보여줄 것이다. **그림 3-6**에 의하면 관에 다섯 개 이상의 수평선이 있다면 처음 증류되는 용액에 1:3의 비로 pentane과 hexane이 혼합된 용액으로부터 순수한 pentane을 얻을 수 있다.

액체-증기 평형이 일어날 수 있는 관 표면적이 클수록 관의 효율도 커진다. **그림 3-8**에 도시한 일반적으로 이용되는 분별증류관에는 6~8 개의 이론적 수평선이 있다. 만약 8 개의 이론적인 수평선이 있다면 끓는점의 차가 25°C인 용액을 분리할 수 있다. 일반적으로 **비그럭스관**(vigreux column)(A)이나 작은 유리구슬이나 나선유리로 채워진 **헴펠관**(Hempel column)(B)이 많이 사용된다. (B)가 액체-증기 평형이 일어날 수 있는 면적이 더 크기 때문에 좀 더 효과적이다. 대기압 하에서 실시되는 분별증류장치를 도시하면 **그림 3-8 C**와 같다.

단순증류에서와 마찬가지로 증류플라스크의 용량은 증류되는 액체 혼합물의 두 배 이상이어야 한다. 혼합물이 끓는점이 낮은 용매에 용해되어 있을 때는 먼저 용매를 증류시켜 제거한 다음 혼합물을 더 작은 증류플라스크에 옮기고 두 세 개의 끓임쪽을 넣고 증류하여야 한다.

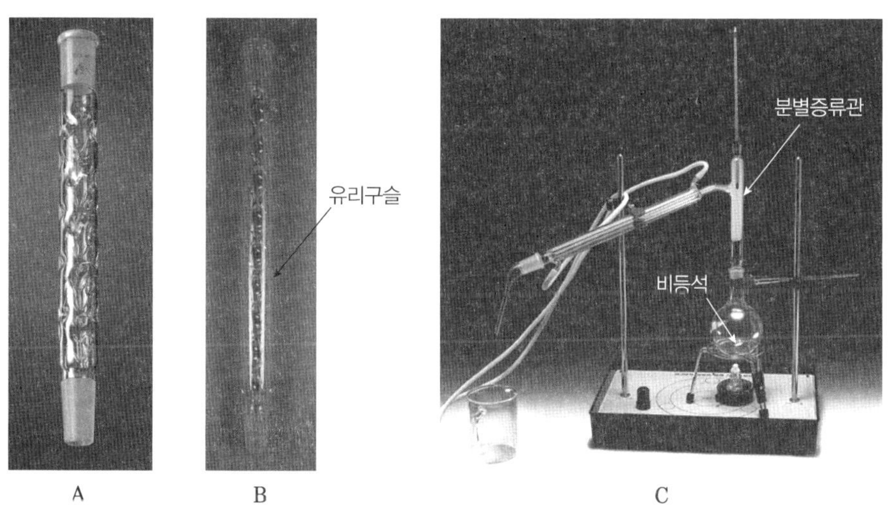

그림 3-8 분별증류관. A: 비그럭스관, B: 헴펠관, C: 분별증류장치.

분별증류에서는 가열 속도가 매우 중요하며 증류가 진행되는 동안 온도를 천천히 점진적으로 증가시켜야 한다. 가열 속도가 빠르면 증류가 급하게 진행되기 때문에 효율적으로 분리하는데 필요한 액체-증기 평형이 반복적으로 일어나지 않는다. 열을 적게 가하면 증기가 증류관의 꼭대기에 도달하지 못한다. 일반적으로 2~3 초마다 한 방울씩 받는 플라스크에 떨어지도록 증류하는 것이 바람직하다. 끓는점의 차이가 적을수록 이론적인 수평선이 많은 분별증류관을 사용하여 더 천천히 증류하여야 한다.

분획을 위해 받는 플라스크를 교체하는 시점은 물질의 끓는점이 분리될 때 즉, 온도가 올라가거나 떨어질 때이다. 더 이상 온도계의 봉에서 온도를 유지할 액체가 없으면 온도가 떨어진다. 이 시점에서는 열을 더 가하여 두 번째 용액을 받을 준비를 하여야 한다.

❙ 불변 끓는 증류

수소결합과 같은 분자 사이의 상호작용 때문에 모든 용액은 Rault의 법칙을 따르는 이상용액이 아니다. 어떤 혼합용액을 증류하면 일정한 온도에서 끓는 혼합용액이 얻어진다. **불변 끓는 혼합물**(azeoptrope 또는 azeotropic mixture)이라고 하는 일정한 온도에서 끓는 혼합물은 증류를 통해서 더 이상 정제되지 않는다. 증류하는 동안 불변 끓는 혼합물을 형성하는 가장 잘 알려져 있는 예는 에탄올과 물의 혼합물이다. 에탄올과 물의 불변 끓는 혼합물은 78.2°C에서 끓으며 이것은 무게비로 95.6%의 에탄올과 4.4%의 물로 이루어져 있다. 증류관을 따라 이동할 때 얼마나 많은 액체-증기 평형이 이루어지는가에 상관없이 더 이상은 분리할 수 없다. 순수한 에탄올은 다른 방법으로 얻어져야 한다. 불변 끓는 혼합물을 만드는 성분의 혼합물은 보통 증류법으로는 순수한 성분으로 분리시킬 수 없으므로, 이들 성분과 혼합하여 별개의 불변 끓는 혼합물을 만드는 제3의 성분을 첨가하여, 새로운 불변 끓는 혼합물의 끓는점이 처음 용액의 끓는점보다 충분히 낮아지도록 한 다음 증류함으로써 증류 잔류물이 순수한 성분이 되게 하는 증류이다. 예로서, 100%에 가까운 에탄올을 얻으려면 벤젠과 같은 다른 용매와 함께 불변 끓는 혼합물로서 제거되게 하여야 한다. 32.4%의 에탄올과 67.6%의 벤젠은 68.2°C에서 끓는다. 74.1% 벤젠, 18.5% 에탄올과 7.4% 물의 불변 끓는 혼합물은 64.9°C에서 끓는다. 100%에 가까운 에탄올은 95%의에탄올에 벤젠을 가하고 증류하면 얻어진다. 물은 벤젠, 에탄올 및 물의 불변 끓는 혼합물을 64.9°C에서 증류하면 제거되며, 78.4°C의 100%에 가까운에탄올이 얻어질 수 있다.

❙ 감압증류

많은 유기화합물들이 대기압 하에서의 끓는점 이하에서 분해된다. 이 화합물들은 감압이 걸린 증류장치를 이용하면 대기압 하에서보다 낮은 끓는점에서 증류할 수 있다. **감압증류**(vaccum distillation)에서는 액체의 끓는점과 압력이 서로 상관관계가 있다는 사실을 이용한다. 감압증류가 대기압 하의 분별증류보다 효과가 떨어지지만 끓는점이 200°C 이상인 액체는 감압증류하여 정제하여야 한다. 화학실험실에서는 진공펌프 또는 **흡인기**(aspirator)을 이용하여 감압한다. 진공펌프를 이용하면 쉽게 0.5 mmHg보다 낮은 압력을 얻어낼 수 있다. 흡인기를 이용했을 때는 물의 증기압보다 낮을 수 없으며 일반적으로 상온에서 15~25 mmHg 정도로 감압할 수 있다.

대기압 이외의 압력 하에서 어떤 물질의 끓는점은 정확하게 계산하기 어렵다. 대략적으로 압력을 50% 낮추면 액체 유기 화합물의 끓는점은 15~20°C 낮아진다. 25 mmHg 이하에서는 압력을 반으로 낮추면 끓는점은 약 10°C 낮아진다. **그림 3-9**에 도시한 도표를 이용하면 감압과 대기압 하에서 화합물의 끓는점을 예측할 수 있다. 예로서, 760 mmHg에서 어떤 화합물의 끓는점이 145°C(A)인 비극성 화합물의 28 mmHg(C)에서 끓는점과 극성인 화합물의 10 mmHg(D)에서의 끓는점은 50°C(B)이다. 마찬가지로 감압 하에서의 끓는점을 안다면 대기압에서의 끓는점도 예측할 수 있다. 감압 하에서의 압력인 컬럼 C 및 D와 컬럼 A에 있는 해당 압력에서의 끓는점을 연결했을 때 컬럼 B의 절편은 760 mmHg에서의 끓는점이 된다. 일반적으로 액체상에서 분자 사이에 강한 인력이 작용하는 극성 화합물의 끓는점은 비극성 화합물보다 덜 정확하다.

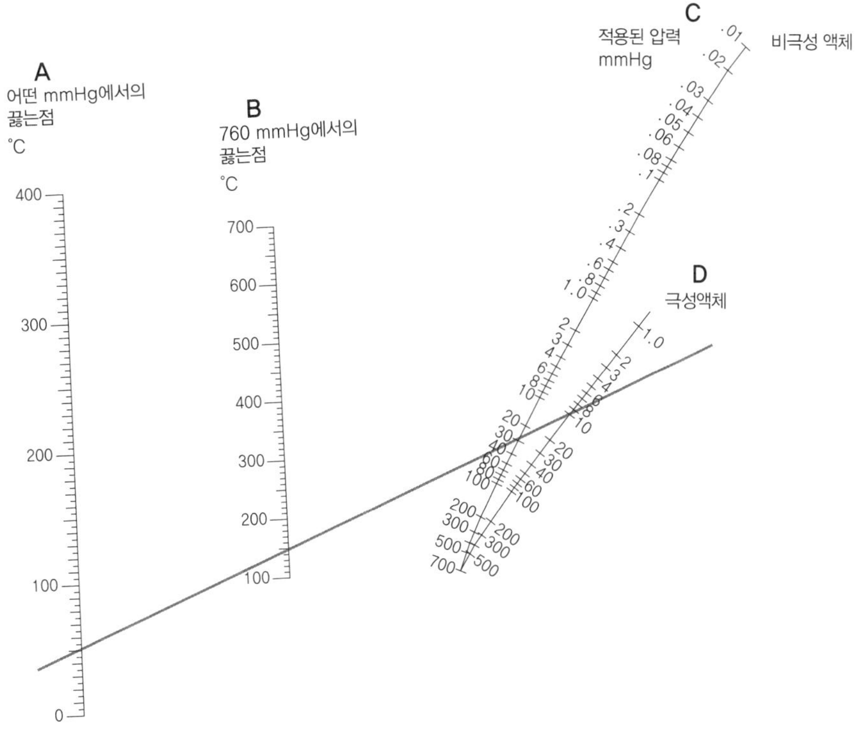

그림 3-9 여러 가지 압력에서 끓는점을 알 수 있는 온도-압력 관계.

압력은 **액주형압력계**(manometer)로 모니터링 될 수 있다(**그림 3-10A**). 물이 감압소스로 이용될 때는 물이 역류하여 증류장치로 들어가는 것을 막기 위해 **포착병**(trap bottle)이나 **포착플라스크**(trap flask)가 사용되어야 한다. 진공펌프가 감압소스로 사용될 때는 증류장치와 펌프 사이에 Dewar병에 담긴 아세톤/드라이아이스(−78°C)나 hexane/드라이아이스(−80°C)로 일정한 온도를 유지하게 만든 포착병을 삽입하여야 한다(**그림 3-10B**). 포착병은 휘발성 물질들을 포착함으로써 이들이 진공펌프로 들어가 오일의 증기압을 올라가게 하여 진공효율을 떨어뜨리고 펌프를 손상시키는 것을 막아준다.

대표적인 감압증류장치를 소개하면 **그림 3-11**과 같다. **그림 3-11**의 장치에는 비그럭스 클라이젠 어댑터와 분획포집기가 장착되어 있다. 감압증류에서는 증류플라스크 속의 혼합용액이 격렬하게 끓어 냉각관으로 넘어가는 것을 방지하기 위해 비그럭스 클라이젠 어댑터를 사용한다. 용량이 큰 증류플라스크를 사용하고 끓임쪽 대신 자석젓개를 사용하는 것도 효과적이다. 분획포집기를 이용하면 증류장치의 압력을 교란하지 않고 분획플라스크를 제거할 수 있다. 분획플라스크를 교환하는 동안 증류액은 튜브 A에 저장된다. 증류장치에 새 플라스크가 연결되기 전에 튜브 B에 있는 흡인기에 의해 감압된다. 보다 효과적인 감압을 위해서는 각 연결 마디에 고 진공용 실리콘 오일을 바르고 진공펌프 쪽으로 연결되는 고무관은 진공에 의해 찌그러지지 않도록 두꺼운 것을 사용하여야 한다.

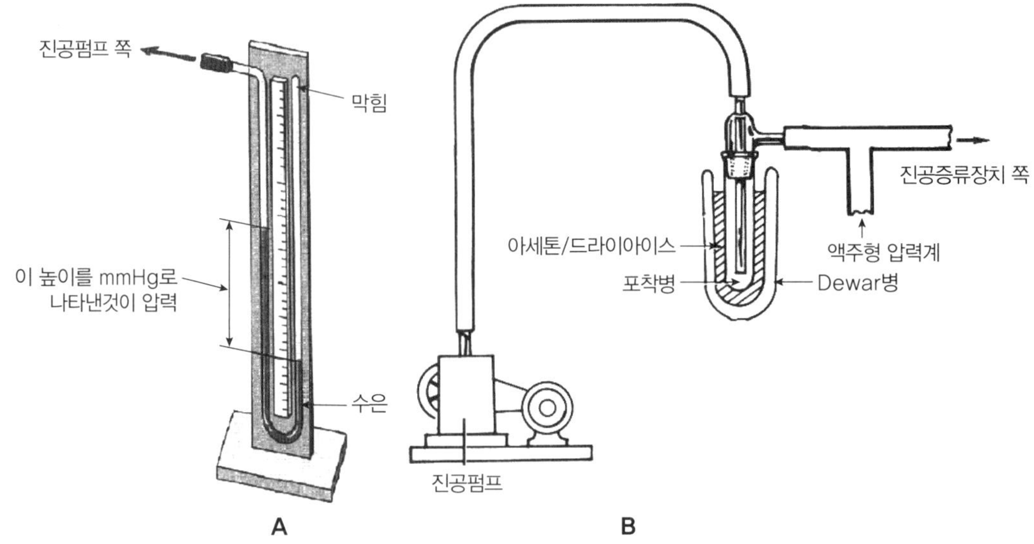

그림 3-10 A: 액주형압력계, B: 감압시스템.

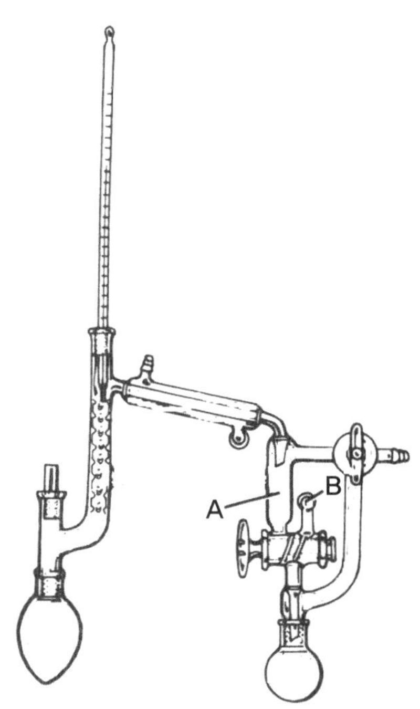

그림 3-11 비그럭스 클라이젠 어댑터와 분획 포집기가 장착된 감압증류장치.

승화

일반적으로 화합물들에 열을 가하면 고체 → 액체 → 기체로의 상변화를 일으키지만 어떤 화합물들의 경우에는 액체상을 거치지 않고 고체에서 기체상으로 변화되는데 이 과정을 **승화**(sublimation)이라고 한다. 이와 같은 화합물들에는 아이오딘, phathalazine 및 camphor 등이 있다. 예로서, 고체 이산화탄소인 드라이 아이스는 액체를 거치지 않고 −78°C에서 기체인 이산화탄소가 되며 아이오딘을 천천히 가열하면 자주색 기체로 승화된다.

화합물이 녹지 않고 분해되지 않으면서 기화될 수 있고, 기체에서 고체로 되돌아갈 수 있다면 그 화합물을 정제하는데 승화를 이용할 수 있다. 대기압 하에서 승화되지 않는 많은 유기화합물들은 감압 하에서 승화할 수 있기 때문에 승화를 통해서 정제될 수 있다.

승화장치는 **그림 3-12**에 도시한 것과 같이 두 개의 시험관으로 이루어져 있다. 정제하여야 할 시료를 넣는 바깥쪽 시험관은 감압장치에 연결된다. 안쪽 시험관에는 찬물 또는 얼음물을 넣어 온도가 낮은 시험관의 표면에서 승화된 화합물이 다시 고화될 수 있도록 한다. 안쪽과 바깥쪽 시험관은 고무 어댑터로 서로 밀봉된다. 안쪽과 바깥쪽 시험관 바닥 사이에는 약 1 cm 내외의 거리를 둔다. 거리가 지나치게 멀 때는 화합물을 기체상으로 유지하는데 높은 온도가 필요하며 높은 온도 때문에 화합물이 분해될 수 있다. 거리가 너무 가까우면 불순물이 안쪽 시험관의 표면으로 튀어올라 고화된 화합물을 오염시킬 수 있다.

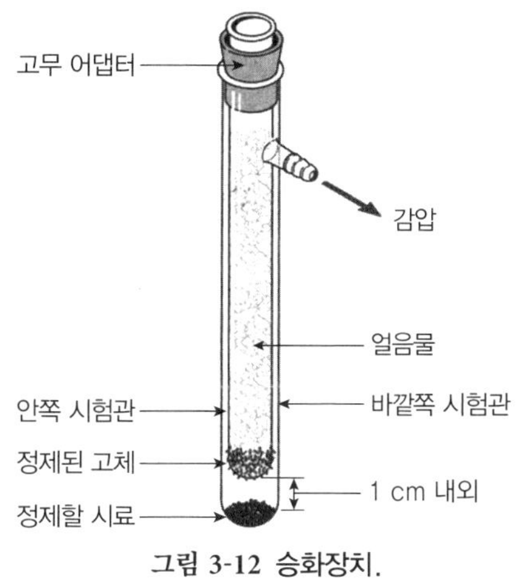

그림 3-12 승화장치.

3. 재결정

순수한 유기화합물은 같은 구조를 가지고 있는 분자들로만 이루어져 있는 균일한 화합물이지만 보통 여러 가지 불순물에 오염되어 있을 수 있다. 어떤 용매에 대한 화합물의 용해도가 불순물과 다를 때는 **재결정**(recrystallization)을 통해 정제될 수 있다. 재결정은 고체 유기화합물을 정제하는 가장 중요한 방법이다. 순수한 유기화합물의 결정은 분자들이 삼차원의 기하학적 배열을 이루고 있으며, 여기에는 주로 **런던 힘**(London forces)이 작용하고 있다. 순수하지 못한 고체 유기화합물에서는 불순물이 분자들의 규칙적인 배열을 통한 결정의 형성을 방해하기 때문에 잘 정의된 결정격자를 보여주지 못한다. 재결정을 통해 불순물을 제거하면 규칙적인 결정격자가 성장된다.

일반적으로 재결정은 먼저 정제하려는 화합물을 높은 온도에서 적당한 용매에 녹이는 것으로부터 시작한다. 용액을 가열하여 온도를 높이면 거의 모든 고체는 용해도가 증가한다. 용매를 천천히 식히면 용해도가 감소하고 용액에 대해 화합물이 **포화**(saturation)되면서 결정이 석출된다. 어떤 주어진 온도에서 고체가 더 이상 녹지 않는 상태를 포화되었다고 한다. 결정의 규칙적인 격자가 형성될 때 불순물이 격자로부터 밀려나면서 순수한 화합물이 된다. 보통 불순물은 재결정하려는 화합물보다 농도가 낮아 용액에 포화되지 않기 때문에 용액에 용해된 채로 남는다. 불순물이 뜨거운 용액에 녹지 않는다면 용액을 식히기 전에 여과하여 제거할 수 있다.

일반적으로 용질과 구조적으로 비슷한 용매가 비슷하지 않은 용매보다 용질을 더 잘 녹인다. 재결정 용매는 시행착오를 거치면서 찾아내지만 용매의 구조와 용질의 용해도 사이에 상관관계가 있기 때문에 용질의 구조와 용매 극성 사이의 상관관계를 감안하여야 한다. 메탄올 및 에탄올과 같은 용매는 대부분의 극성물질과 어느 정도의 비극성 물질을 녹일 수 있기 때문에 극성물질을 재결정할 때 적당하다. 수소결합을 할 수 있는 카복시산, 알코올 및 아민류를 재결정할 때는 알코올이 우선적으로 고려되는 용매이다. 극성이 낮은 비이온성 화합물을 재결정할 때는 에틸 아세테이트, hexane 또는 클로로포름 등을 이용할 수 있다.

단일 용매가 재결정에 적합하지 않을 때는 두 가지 이상의 혼합 용매를 사용할 수도 있다. 이때는 먼저 재결정 하려는 물질이 다 녹을 때까지 보다 극성이 큰 용매를 천천히 가하면서 가열하고 난 다음 용액이 부옇게 흐려질 때까지 극성이 낮은 용매를 천천히 가한다. 혼합물에 열을 가하여 다시 맑은 용액이 되면 천천히 식히면서 결정이 형성되게 한다. 자주 이용되는 혼합 용매의 조합의 예를 소개하면 **표 3-1**과 같다.

표 3-1 재결정에 이용될 수 있는 혼합 용매 조합의 예.

보다 극성인 용매	보다 비극성인 용매	보다 극성인 용매	보다 비극성인 용매
Methanol	Acetone	Ethyl acetate	Hexane
Methanol	Ethyl acetate	Ethyl acetate	Diethyl ether
Methanol	Chloroform	Water	Methanol
Methanol	Diethyl ether	Water	Ethyl acetate
Chloroform	Carbon tetrachloride	Chloroform	hexane

3.1 ▸ 일반적인 재결정 과정

- 삼각 플라스크 또는 시험관에 끓임쪽을 넣고 재결정 하려는 시료가 녹을 때까지 천천히 가열하고 저어주면서 용매를 조금씩 가한다. 둥근바닥플라스크보다는 삼각플라스크를 사용하는 것이 더 좋다. 증기중탕, 모래 중탕 또는 가열램프 등을 이용하여 가열하는 것이 좋다.

- 용매의 끓는점보다 조금 낮은 온도에서, 필요한 최소량보다 조금 더 많은 용매에 시료를 녹인다.
- 화합물에 불순물의 색깔이 있을 때는 무게비 2% 정도의 숯가루를 넣고 가열하여 색을 가지고 있는 소량의 불순물을 제거한다.
- 또 하나의 플라스크를 준비하고 소량의 용매와 끓임쪽을 넣고 여과지가 얹힌 깔때기를 플라스크 위에 놓은 다음 가열하여 플라스크, 깔때기 및 여과지가 끓는 용매로 데워지게 한다. 시료가 녹아 있는 첫 번째 플라스크의 뜨거운 용액을 여과한다. 이 단계에서는 숯가루와 녹지 않은 물질들이 제거된다.
- 여과지 위에서 결정이 생기면 소량의 뜨거운 용매를 종이에 가하여 결정이 녹아 내려가게 한다. 용매가 줄어들어 용액이 포화될 때까지 가열한다.
- 결정이 천천히 형성되도록 방치한다. 시스템이 실온에 도달한 다음 얼음 중탕이나 냉장고 등을 이용하여 온도를 더 내리면 결정의 수득률을 높일 수 있다.
- 결정이 충분히 형성되면 Büchner 또는 유리여과장치를 이용하여 흡인여과한다(**그림 3-13**).

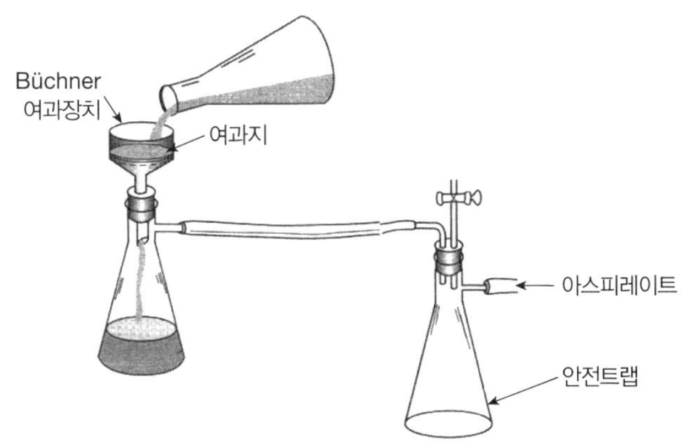

그림 3-13 흡인여과장치.

- 흡인여과장치를 사용하여 결정을 거를 때는 먼저 재결정에 사용된 용매로 여과지를 적시고 흡인기를 켠 다음 혼합물을 여과장치에 붓고 약숫가락을 이용하여 결정을 넓게 편다.
- 결정이 마르기 전에 소량의 찬 재결정 용매로 씻어준다. 혼합 용매를 사용했을 때는 극성이 낮은 용매로 씻어준다.
- 몇 분간 흡인기를 틀어 결정에 남은 용매가 충분히 마르도록 둔 다음 흡인기를 끄고 결정을 모은다.
- 모은 결정은 데시케이트나 오븐에서 건조시킨다.

3.2 ▸ 재결정에서 생길 수 있는 문제의 해결

재결정 용매가 지나치게 많거나, 온도에 따른 용해도의 변화가 작거나, 용액에 대한 화합물의 용해도가 지나치게 크거나 용액이 과포화되어 있을 때는 재결정 용액을 식혀도 결정이 생기지 않는다. 과포화가 문제일 때는 같은 화합물의 결정을 몇 조각 넣어주면 결정 형성의 핵으로 작용하여 결정화를 촉진시킬 수 있다. 어떤 때는 유리막대를 이용하여 플라스크의 안쪽 벽을 긁어 주어도 결정 형성에 도움이 된다.

온도를 지나치게 빠르게 내리거나 극성이 낮은 용매를 빠르게 가하면 결정 형성의 속도가 빨라질 수 있고 이때 불순물이 격자 사이에 끼어들 수 있다. 결정 형성의 속도가 지나치게 느린 경우에도 불순물이 결정격자 사이에 섞여들 수 있다.

재결정 하려는 화합물의 녹는점보다 용액의 끓는 온도가 높을 때는 오일(점성 액체)이 형성되어 불순물에 오염될 수 있다. 이 때는 용매의 양을 늘이거나 화합물의 녹는점보다 끓는점이 낮은 용매를 찾아야 한다. 용액을 식히는 동안 격렬하게 저어주면 처음에 형성된 오일이 매우 작은 조각으로 흩어져 결정 형성을 위한 핵으로 작용할 수 있다.

4 크로마토그래피

크로마토그래피는 이동상(보통 액체 또는 기체)을 사용하여 혼합물을 **정지상**(stationary phase, 보통 고체 또는 고체에 입혀진 액체)을 따라 혼합물을 밀어 각각의 성분물질로 분리하는 일련의 테크닉들이다. 각각의 성분물질들은 서로 다른 분자구조를 가지고 있기 때문에 정지상과 서로 다른 세기의 분자간 수소결합 및 쌍극자-쌍극자 힘이 작용한다. 정지상 및 이동상과 서로 다르게 상호작용을 하므로 **이동상**(mobile phase, 보통 액체 또는 기체)에 의해 서로 다른 속도로 움직인다. 정지상과의 사이에 강한 인력이 작용할수록 느리게 이동한다. 극성물질과 정지상 작용하는 인력은 비극성물질의 경우보다 더 크기 때문에 극성물질이 더 느리게 이동한다. 같은 이유 때문에 극성 용매는 비극성 용매보다 화합물을 더 빨리 이동시킨다. 보통 유기화학에서 많이 이용하는 크로마토그래피에는 **얇은막 크로마토그래피**(Thin layer chromatography, TLC), **관 크로마토그래피**(column chromatography), **기체 크로마토그래피**(gas chromatography, GC), **고성능 액체 크로마토그래피**(high performance liquid chromatography, HPLC)가 있다.

1. 얇은 막 크로마토그래피

얇은막 크로마토그래피는 혼합물을 구성하고 있는 성분물질의 수, 순도 또는 화학 반응의 진행 정도를 판단하는데 폭넓게 이용되는 간단하고도 경제적인 방법이다. 이 테크닉에서는 정지상으로 작용하는 얇은막의 흡착제가 도포되어 있는 유리나 플라스틱 TLC판을 이용한다.

TLC 실험 단계를 보다 상세하게 설명하면 다음과 같다.

1.1 ▸ TLC판

TLC판에 가장 일반적으로 사용되는 정지상은 **실리카 겔**(silica gel, $SiO_2 \cdot nH_2O$) 흡착제이며 극성이 큰 물질에는 **알루미나**(Al_2O_3)가 많이 이용된다. 비극성 물질들이 이들 정지상에 흡착될 때는 약한 인력인 반데르발스 힘만 작용하지만 극성 분자에서는 수소결합과 쌍극자-쌍극자 힘 등이 작용한다. 실리카 겔과 알루미나 흡착제는 활성을 키우기 위해 가열하여 수분을 제거한 미세한 분말이 이용된다. 실리카 겔은 극성이 지나치게 크지 않은 산성 또는 중성인 유기화합물들을 분리하는데 효과적이다. 알루미나에는 산성, 염기성 및 중성이 있다. 셀룰로오스는 실리카 겔과 알루미나보다는 극성이 낮다. 셀룰로오스는 당, 아미노산 및 핵산과 같이 물에 녹는 화합물들을 크로마토그래피 하는데 사용된다. 화합물들은 셀룰로오스 입자에 수소결합되는 물 분자와 전개용매 사이에서 분리된다. 정지상으로서 셀룰로오스가 이용되는 한 가지 예로는 종이 크로마토그래피를 들 수 있다.

역상 TLC(reverse-phase TLC)판에는 실리카 겔의 하이드록시 기가 긴사슬 알콕시기로 치환되어 있는 흡착제가 사용된다. 알콕시 사슬은 비극성 정지상으로 작용한다. 역상 TLC에 사용되는 용매는 메탄올, 아세토 니트릴 또는 물과 이들의 혼합 용액과 같이 매우 극성이 크다. 역상 TLC에서는 보다 극성이 큰 화합물들이 극성이 낮은 화합물들보다 더 빨리 이동한다. 극성이 낮은 화합물들은 비극성 흡착제 표면에 보다 강하게 흡착된다.

이동상으로는 순수한 용매 또는 혼합 용매가 이용된다. 혼합 용매의 조성 비는 분리하려는 성분물질들의 극성에 따라 달라진다. 얇은 막 크로마토그래피는 주로 비휘발성 고체성분들을 분석할 때 이용되며 휘발성이 있는 액체 화합물은 TLC 실험에서 휘발하여 없어질 수 있기 때문에 적합하지 않다.

TLC 실험을 할 때는 먼저 소량의 분리하려는 혼합물을 적당한 용매에 녹인다. 전개 용매를 담은 병은 용매 증기로 포화되어야 하기 때문에 용매는 실온에서 쉽게 증발할 수 있어야 한다.

1.2 ▸ 모세관 제작

TLC에 사용되는 모세관이 상품화되어 있다. 그러나 **그림 3-14 A**에 도시한 것처럼 실험실에서 간단히 만들어 쓸 수 있다. 모세관을 만들 때는 먼저 분젠 버너에 불을 켜고 불꽃을 중간 정도의 세기로 조절한다. 불꽃으로 적당한 두께의 유리관의 중심을 가열하여 길이 1~2 cm 정도의 부위가 흐물거릴 때 유리관의 양쪽 끝을 반대 방향으로 빠르게 잡아당기면 유리관의 흐물거리는 중앙부분이 늘어나 내경 0.2~0.3 mm 정도의 모세관이 된다. 줄 등의 유리 절단기로 모세관을 적당한 길이로 잘라 TLC 점적에 사용한다. 이 때 절단면은 판에 충분히 접촉하여 용액이 흡착제에 효과적으로 점적될 수 있도록 모세관 종축에 직각이고 매끈하여야 한다.

1.3 ▸ TLC판에 마크하기

그림 4-1 B에 도시한 것처럼 TLC에는 일반적으로 폭 2 cm, 길이 5 cm 정도의 판을 이용한다. 판의 한 쪽 끝으로부터 약 1 cm 되는 지점에 끝과 평행하게 연필을 이용하여 직선을 그린다. 직선 위에 작은 점을 마크한다. 이 선과 점은 물질을 점적하는 위치를 정해줄 뿐만 아니라 R_f값을 측정하는 점이 된다. 판의 다른 쪽 끝으로부터 1 cm 정도 되는 곳에 두 번째 연필선을 그어 용매를 도달할 수 있는 지점을 정해둔다.

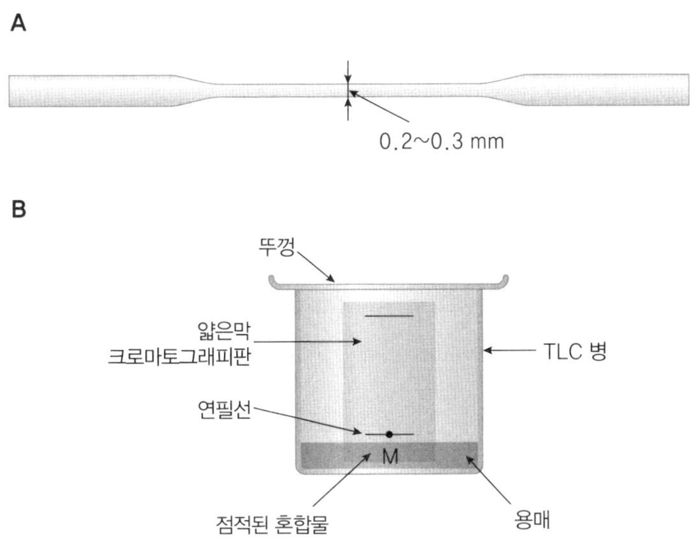

그림 4-1 간단한 TLC 장치.

1.4 ▸ TLC판의 활성화

TLC판을 50~60°C 오븐에서 15~20 분 정도 가열하여 판에 흡착되어 있는 수분을 제거하여 활성화 시킨다.

1.5 ▸ TLC의 점적

분석하려는 물질의 용액을 포함하고 있는 용기에 모세관의 한쪽 끝을 담구어 용액이 모세관을 따라 올라가게 한다. 모세관에 용액이 실리면 TLC판 직선 위에 마크한 점에 모세관을 수직으로 갖다 대어 모세관 속의 용액이 판에 점적되게 한다. 이 때 점적된 반점의 직경은 1 mm가 넘지 않도록 한다. 반점으로부터 용매가 완전히 증발되게 한다. 용매가 물과 같이 휘발성이 낮을 때는 5 오븐에서 가열하여 용매를 증발시킬 수 도 있다.

1.6 ▸ TLC의 전개

보통 **전개용매**(developing solvent)라고 하는 소량의 이동상이 담긴 병에 점적된 아래쪽 가장자리가 전개용매에 잠기도록 핀셋을 이용하여 연필로 그은 선의 반대 쪽 끝 부분을 잡고 조심스럽게 전개병에 놓는다. 이 때 TLC판의 아래쪽이 전개병의 벽에서 조금 떨어지도록 기울여 세우고 병 뚜껑을 닫는다. 판이 지나치게 기울어져 있으면 용매가 판을 따라 균일하게 전개되지 않을 수 있다. 모세관 현상에 의해 용매가 정지상을 따라 위로 올라가면 이동상과 정지상 사이에서 시료가 분배된다. 전개과정에서 이동상과 정지상 사이에서 수없이 일어나는 평형의 결과로서 분리가 진행된다. 흡착제에 보다 약하게 결합하는 비극성 물질일수록 보다 빠르게 올라가고, 보다 강하게 흡착되는 극성 화합물은 보다 느리게 올라가거나 올라가지 않고 점적된 위치에 그대로 남는다. 전개용매의 경계선이 TLC판의 위쪽 끝으로부터 1 cm 정도에 이르렀을 때 판을 끄집어 내고 용매를 날려보내기 전에 즉시 연필을 사용하여 전개용매 경계선의 위치에 표시를 한다. 그런 다음 방치하여 용매를 날려보낸다.

1.7 ▸ TLC판의 건조

판을 깨끗하고 건조한 곳에 방치하여 용매를 완전히 증발시킨다. 용매의 휘발성이 낮을 때는 60°C 정도의 오븐을 이용하여 증발시킨다. TLC 점적에서 용매 증발까지의 과정을 도시하면 **그림 4-2**와 같다.

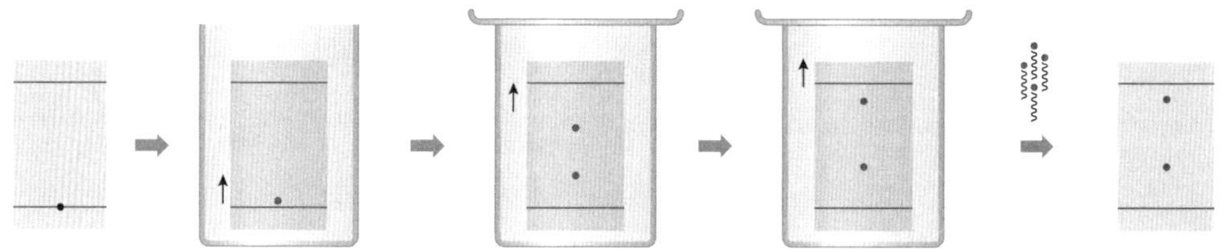

그림 4-2 TLC 점적에서 용매 증발까지의 과정.

1.8 ▸ TLC판의 시각화

분리된 화합물이 색깔을 띠고 있다면 화합물의 위치를 판 위에서 직접 볼 수 있지만 화합물의 색깔이 없을 때는 눈으로 볼 수 있는 조치를 하여야 한다. TLC 상에서 화합물을 확인할 수 있도록 하는 시각화에는 여러 가지 방법들이 있다. 이들 중 유기화학에서 가장 많이 이용하는 방법은 아이오딘화법과 형광을 이용하는 법이다. 이 방법에서는 몇 조각의 아이오딘 결정을 포함하고 있는 병에 TLC판을 몇 분간 넣어둔다. 병 속에 있는 아이오딘 증기가 여러 가지 반점에 있는 화합물들을 산화하면 갈색 계열의 색깔을 나타내므로 화합물들의 위치를 볼 수 있다. 형광을 이용하는 방법에서는 실리카 겔과 형광물질의 균일한 혼합물이 도포된 TLC판을 이용한다. 판을 따라 이동한 물질은 그들의 위치에서 형광을 가리기 때문에 형광램프를 이용하여 판을 비추면 화합물의 위치가 어둡게 나타난다. 아미노산을 분석할 때는 **닌하이드린**(ninhydrin)법이 특히 유용하다. 0.2%의 닌하이드린의에탄올 용액을 TLC판에 분무하고 몇 분간 기다리면 아미노산이 있는 위치에서 자주색이 나타난다.

R_f 값의 측정 그림

그림 4-3에 도시한 것과 같이 혼합물이 점적된 연필선으로부터 용매가 전개된 경계선까지의 거리(b)와 화합물 반점의 중심까지의 거리(a)를 측정하고 이들의 비를 계산하여 $R_f = \frac{a}{b}$ 값을 구한다.

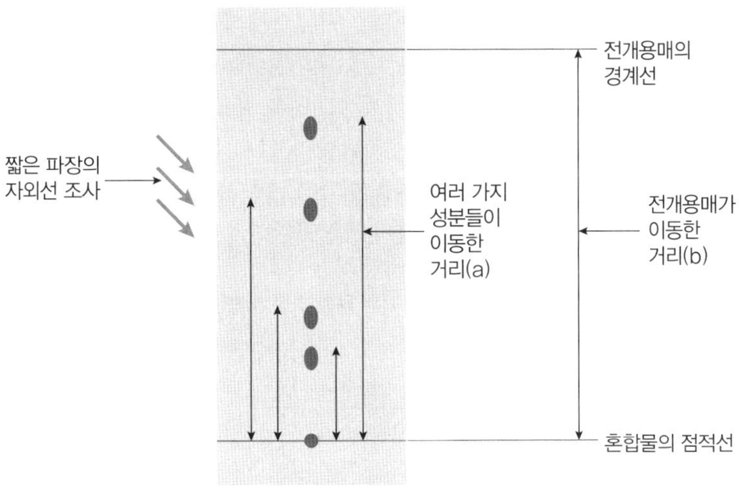

그림 4-3 R_f값의 측정.

2. 관 크로마토그래피

관 크로마토그래피(column chromatography)는 혼합물로부터 성분물질들을 분리하는데 가장 일반적으로 이용되는 방법이다. 원리는 TLC와 같지만 TLC보다 한꺼번에 훨씬 많은 양을 분리할 수 있다. 한꺼번에 수 mg에서 수십 g 스케일의 혼합물을 처리할 수 있다. 이 테크닉은 화학, 생물, 생화학, 미생물 및 약학을 포함하는 많은 분야에 폭넓게 이용된다.

2.1 ▸ 정지상의 선택

TLC에서와 마찬가지로 실리카 겔과 알루미나가 정지상으로 가장 많이 이용된다. 보통 관 크로마토그래피에서는 63~210 μm(70~230 mesh)의 실리카 겔이 이용된다. 알루미나에는 중성(pH 7), 염기성(pH 10) 및 산성(pH 4)이 있다. TLC에서와 마찬가지로 극성이 큰 화합물일수록 정지상에서 더 늦게 이동한다. 즉, 극성이 작은 화합물일수록 관에서 더 빨리 용리되므로 TLC에서 R_f 값이 더 큰, 극성이 더 낮은 화합물일수록 더 빨리 분획된다. 정지상은 TLC 실험의 결과를 기초로 선택한다. 흡착제, 관의 크기, 이동상(용매)의 극성뿐만 아니라 용리의 속도도 분리에 영향을 미치므로 관 크로마토그래피를 할 때는 이들 인자들을 모두 검토하여야 한다.

2.2 ▸ 용매의 선택

관 크로마토그래피에서 이동상으로 사용되는 용매 시스템은 주로 TLC 실험으로 결정될 수 있다. 보통 극성이 낮은 용매를 사용하여 화합물이 정지상에 흡착되게 한 다음 천천히 용매의 극성을 높여 화합물이 탈착되어 이동상을 따라 이동하게 하면 분리가 진행된다. 용매를 적당한 비로 혼합함으로써 극성을 높여갈 수 있는데 주로 사용하는 용매 조합에는 hexane-에틸 아세테이트 또는 hexane-톨루엔 등이 있다. 관 크로마토그래피에 이용하는 용매들을 극성이 감소하는 순서로 나열하면 **표 4-1**과 같다. 이들 용매를 적당한 비로 조합하면 대부분의 화합물들을 분리할 수 있다. 분리하려는 화합물이 TLC 상에서 R_f 값이 0.3 정도로 이동하게 하는 용매를 선택하여야 한다. 용매와 양을 선택하는 문제는 시행착오를 통해 해결될 수 있다. 메탄올과 물은 실리카 겔을 녹여내어 정지상을 교란하기 때문에 보통 사용하지 않는다.

표 4-1 관 크로마토그래피에 주로 이용되는 용매의 상대적인 극성.

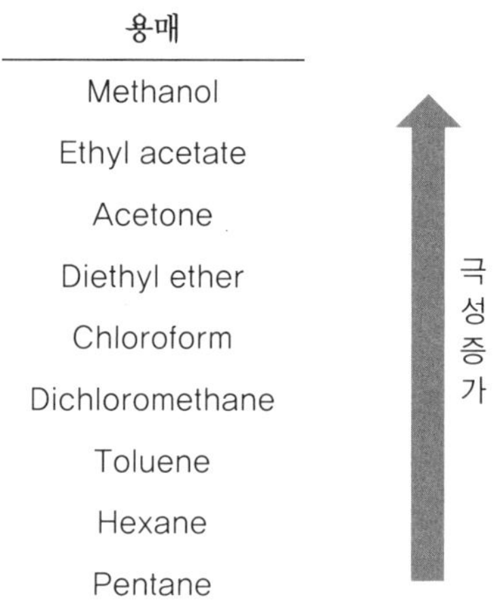

용매
Methanol
Ethyl acetate
Acetone
Diethyl ether
Chloroform
Dichloromethane
Toluene
Hexane
Pentane

2.3 ▸ 관

관은 용도에 따라 연필만큼 가는 것에서부터 직경 수십 cm에 이르는 것까지 사용될 수 있다. 혼합물을 분리하는데 사용할 흡착제를 결정하고 나면 흡착제의 양을 결정하여야 한다. 보통 분리하려는 혼합물 무게의 열 배에서 스무 배 정도의 실리카 겔이나 알루미나를 사용한다. 충진된 흡착제의 높이는 10~30 cm 정도가 적당하다. 흔하게 사용하는 관 크로마토그래피 장치를 도시하면 **그림 4-4**와 같다. 용리되는 용액을 분획할 때는 용도에 따라 삼각플라스크, 비커, 시험관 또는 바이알 등을 이용할 수 있다.

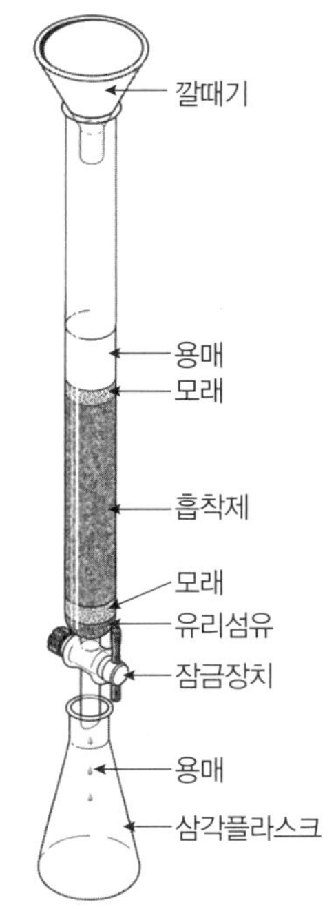

그림 4-4 관 크로마토그래피 장치.

2.4 ▸ 관의 충전

관에 흡착제를 충전할 때는 **건식충전**(dry packing)이나 **곤죽충전**(slurry packing) 중 어느 한 방법을 이용한다. 일반적으로 곤죽충전이 더 효과적이기 때문에 더 많이 이용되지만 경우에 따라 건식 충전법도 이용된다.

많은 양의 시료를 분리할 때는 곤죽충전법을 주로 이용한다. 이때는 비커에 정지상과 비극성 용매를 넣고 고르게 묽은 반죽이 되도록 섞은 후 균일한 반죽을 가능한 한 조심스럽게 관에 붓는다. 비커 벽에 묻은 반죽은 약숫가락을 이용하여 조금씩 긁어 붓는다. 곤죽충전법을 이용하면 효과적으로 충진할 수 있지만 숙달이 필요하다. 미량 스케일일 때는 건식 충전법이 더 효과적이다. 이때는 비극성 용매로 관을 채운 다음 연필 등을 이용하여 관의 바깥쪽 벽을 가볍게 탁탁 치면서 알루미나 또는 실리카 겔의 가루를 관의 위쪽 깔때기를 통해 천천히 가해준다. 이 때 가루가 관의 바닥 쪽으로 천천히 떠 내려 앉도록 해야 한다. 가능한 한 고르게 충전되어야 하며, 공기방울이나 가는 금이 있으면 효과적으로 분리가 되지 않는다. 관에 용매를 채우기 전에 정지상을 먼저 채우는 건식 충전법도 있다. 이 때는 적당한 높이로 정지상을 채우고 난 다음 균일하게 충전이 되도록 비극성 용매를 천천히 가한다. 이 방법은 알루미나를 충전할 때에만 주로 이용되며 실리카 겔에서는 효과적으로 충전이 되지 않기 때문에 이용하지 않는다. 곤죽충전이나 건식충전 중 어느 방법을 이용해도 되지만 정지상을 균일하게 만드는 것이 무엇보다 중요하다. 충전할 때는 잠금꼭지를 열고 용매가 흘러내리게 해야 하며 관 크로마토그래피를 하는 동안 항상 용매 윗면이 충진된 정지상의 위쪽에 있도록 해야 된다. 용매 윗면이 정지상의 아래쪽으로 내려가면 공기 방울과 공기 통로가 형성되므로 분리 효율이 크게 낮아진다.

2.5 ▸ 시료의 탑재

충진이 끝나면 시료를 정지상의 위 쪽에 탑재한다. 보통 혼합물로 이루어진 시료를 가능한 한 적은 양의 충진에 사용된 용매나 충진에 사용된 용매와 비슷한 극성의 용매에 녹여서 정지상의 위쪽에 표면이 흐트러지지 않도록 피펫으로 조심스럽게 탑재한다. 시료를 탑재한 후 용매를 부을 때 정지상의 윗면이 흐트러지지 않도록 보호할 목적으로 모래를 3~4 mm 정도로 얇게 펴 덮어 준다. 피펫을 이용하여 먼저 충전된 시료 위쪽 모래에 용매를 조금씩 가하여 정지상을 흐트리지 않도록 함과 동시에 시료를 조금씩 녹여 내린다. 그런 다음 용매를 연속적으로 가하면서 관의 아래쪽에서 용리액을 조금씩 분획한다. 용매가 흘러내리는 속도는 분당 2~3 mm 정도가 적당하다. 흘러내리는 속도가 지나치게 느리면 관속에서 화합물들이 확산되어 효과적으로 분리되지 않는다. 용리된 용매를 분획하는 양은 10~50 mL 정도가 적당하다. 분획하는 양이 많으면 분획 속에 한 가지 이상의 성분이 섞일 수 있다.

2.6 ▸ 관 크로마토그래피의 모니터링

분리되는 혼합물이 색깔이 있는 화합물들로 이루어져 있을 때는 색깔 있는 밴드가 용매를 따라 관 아래쪽으로 흘러내리므로 밴드가 관을 끝에 도달했을 때 모으면 된다. 그러나 대부분의 유기화합물은 색깔이 없기 때문에 TLC를 이용하여 모니터링 하여야 된다. 관으로부터 성분물질들을 용리시킨 다음 4~5 개의 분획을 TLC판에 점적하고 전개하여 아이오딘법이나 형광램프를 이용하여 확인하면 각각의 분획에 있는 화합물이 어느 것인지 구별할 수 있다. 같은 화합물이 들어 있는 분획을 모으고 용매를 날려보내면 순수하게 분리된 화합물을 얻을 수 있다. 이 화합물들을 재결정 하면 더욱 순수한 화합물이 얻어진다.

2.7 ▸ 속성 크로마토그래피

관 크로마토그래피는 보통 시간이 많이 걸리는 지루한 실험이다. 실험을 빠르게 진행하는 방법 중에 하나가 속성 크로마토그래피이다. 이 방법에서는 10 psi 정도의 질소 또는 공기압을 이용하여 이동상을 관 아래로 밀어준다. 이동상의 속도가 증가하기 때문에 실험시간이 절약되지만 분리 효율이 낮을 수 있다. 이 때는 입자가 더 작은 정지상을 이용함으로써 분리 효율을 향상시킬 수 있다.

3. 기체 크로마토그래피

기체 크로마토그래피는 분해되지 않고 휘발할 수 있는 화합물들을 분석하는 **분배 크로마토그래피**(Partition chromatography)기법의 일종이다. 화합물의 순도 측정, 혼합물을 구성하고 있는 여러 가지 성분물질의 분석 및 정제뿐만 아니라 어떤 경우에는 화합물을 동정하는데도 이용할 수 있다. 정지상은 끓는점이 높은 비휘발성 액체인 고분자로 이루어져 있다. 이동상으로는 검체 화합물들과 반응하지 않는 헬륨 또는 질소 같은 **운반기체**(carrier gas)가 이용된다.

검체를 두고 이동상이 정지상과 경쟁하는 얇은막 및 관 크로마토그래피와 달리 이동상은 검체와 서로 상호작용을 하지 않고 단순히 컬럼 내에서 검체를 운반하는 역할만 한다. GC에는 **기체-액체 크로마토그래피**(gas-liquid chromatography, GLC)와 **기체-고체 크로마토그래피**(gas-solid chromatography, GSC)의 두 가지 형태가 있는데 주로 GLC가 과학의 거의 전 영역에서 폭넓게 이용되며 이것을 보통 간단히 GC라고 부른다. GLC 개념은 1941년 Martin과 Synge에 의해 처음으로 소개되었으며 십 년이 경과된 뒤인 1952년 비로소 GLC의 가치가 실험적으로 입증되었다. GLC가 상업화 된 것은 1955년이었다.

모세관 컬럼에서 정지상은 길고 좁은 모세관의 안쪽 벽에 얇고 균일하게 도포된 액체 필름으로 이루어져 있다. 분리되는 검체 혼합물을 가열된 주입부에 주입하면 화합물들이 휘발하고 운반기체에 실린 검체들은 이 정지상의 중심을 지나간다. 혼합물을 구성하고 있는 검체 성분들은 액체인 정지상과 서로 다르게 상호작용하기 때문에 분리된다. 액체와 기체상 사이에서 일어나는 검체들의 분배는 액체상과의 인력 및 증기압에 의해 결정된다. 검체의 증기압이 클수록 액체상으로부터 기체 이동상으로 가려는 경향이 더 커진다. 따라서 끓는점이 낮은 화합물일수록 증기압이 더 크고 더 빨리 GC 컬럼을 통과한다.

GLC는 기체 이동상과 유리 또는 금속컬럼 내에 고정시킨 액체상 사이에서 검체가 분배되는 원리에 기초를 두고 있다. GSC는 고체 정지상에서 검체가 물리적으로 흡착되는 머무름(retention)에 기초를 두고 있다. 이 테크닉은 작은 분자량의 기체들을 분리하는 데만 제한적으로 이용된다.

GC 기구의 기본적인 양상을 도해하면 **그림 4-5**와 같다.

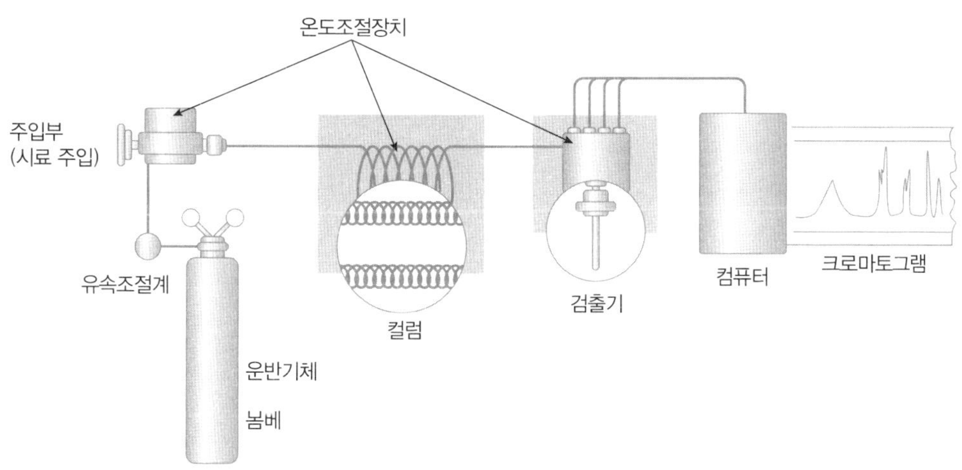

그림 4-5 GC 기구의 도해.

3.1 ▸ 운반기체의 공급

운반기체는 화학적으로 안정한 헬륨, 아르곤, 질소 및 수소 등이 사용된다. 기체의 선택은 사용되는 검출기에 따라 달라질 수 있다. 기체 공급을 위해 압력조절기, 유속조절기가 필요하며 습기 또는 다른 불순물을 제거하기 위해 **분자체**(molecular sieve)가 이용되기도 한다. 주입되는 기체의 압력은 보통 10~50 psi 정도로서 충전컬럼에서는 분당 30~150 mL 모세관 컬럼에서는 분당 1~25 mL 정도의 유속으로 운반기체가 이동할 수 있다.

3.2 ▸ 시료 주입 시스템

크로마토그램에서 대칭으로 잘 그려진 피크를 보려면 적당한 주입 테크닉을 이용하여야 한다. 격막이나 고무 개스킷을 통하여 가열된 주입부의 흘러가는 운반기체 속으로 시료를 주입하는 데는 작은 주사기가 이용된다. 전형적인 주입부인 미세증발 주입기의 단면도를 도시하면 **그림 4-6**과 같다. 시료를 주사바늘을 통해 주입시키면 시료는 즉시 휘발하고 운반기체는 휘발된 기체를 액체 정지상을 포함하고 있는 컬럼으로 밀어 넣는다. 시료의 양이 많거나 천천히 주입하면 띠가 넓어져 분리능이 감소되므로 적당한 양을 짧은 증기층(vapor plug)으로 주입하여야 된다. 시료 주입구의 온도는 시료 중 가장 휘발성이 낮은 검체의 끓는점 보다 50°C 정도 더 높아야 된다. 충진 컬럼의 경우는 1~20 μL의 시료를 주입하고 모세관 컬럼의 경우는 0.001 μL 정도의 시료를 주입한다. 모세관 컬럼에서는 시료 분할 시스템을 이용하여 주입된 시료의 일부만 컬럼의 입구에 주입되게 하고 나머지는 폐기관 쪽으로 버려진다. 컬럼은 온도가 실온으로부터 200°C까지 조절될 수 있는 오븐에 둘러싸여 있다. 시료의 성분물질들이 컬럼에서 분리되면 검출기로 들어가고 여기서 증폭되고 기록될 수 있는 전자신호를 생산한다. 최근 시판되고 있는 GC에는 컴퓨터로 작동되는 디지털 적분기가 장착되어 있으며 주입부에서 주사기 바늘을 빼낸 다음 시작 버튼을 누르면 자동으로 주입이 이루어진다.

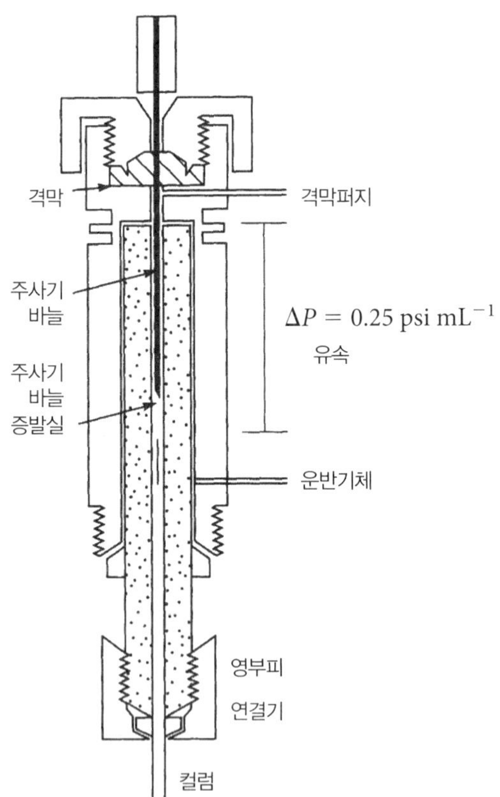

그림 4-6 미세증발 주입기의 단면도.

3.3 ▸ 컬럼

기체크로마토그래피에 이용되는 컬럼에는 충전(packed)컬럼과 모세관(capillary)컬럼이라고도 하는 열린관(open tubular) 컬럼의 두 종류가 있다. 충전컬럼은 길이 1~5 m, 내경 2~3 mm 정도이고 모세관컬럼은 길이 10~100 m 내경 0.2~0.5 mm 정도이다. 충전컬럼과 모세관컬럼을 도시하면 **그림 4-7**과 같다. 길이가 더 긴 모세관 컬럼에서는 액체 정지상에서 시료분자들이 더 효과적으로 분배되기 때문에 분리가 더 잘 일어난다. 최근에는 대부분 충전컬럼보다 모세관컬럼이 더 많이 이용되고 있다.

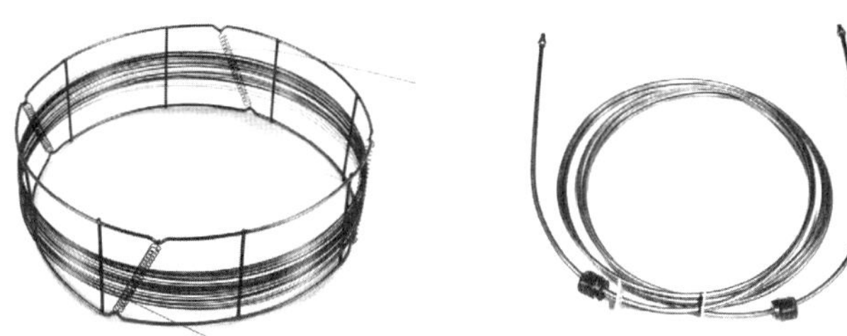

그림 4-7 충전컬럼과 모세관컬럼.

3.4 ▸ 액체 정지상

액체 정지상과 분리되는 물질들 사이에는 쌍극자 상호작용, 반데르발스 힘 수소결합과 같은 여러 가지 힘이 작용한다. 이들 분자간 힘은 흡착된 화합물들의 상대적인 휘발성을 결정할 뿐만 아니라 분리과정에서도 중요한 역할을 한다. 일반적으로 액체상이 분리되는 화합물들과 화학적 성질이 비슷하면 분리 효율이 높다. 비극성 액체상은 비극성 화합물들을 분리하는데 사용되고 극성 액체상은 극성화합물들을 분리하는데 좋다. 만약 시료들이 액체상에 잘 녹지 않으면 컬럼을 지나갈 때 잘 분리되지 않는다. 충전 컬럼과 모세관컬럼에 일반적으로 사용되는 액체 정지상과 그들의 화학적 조성을 종합하면 **표 4-2**와 같다. Silicones과 polysiloxanes는 실리콘-산소 골격의 고분자이며 실리콘 원자에 결합되어 있는 알킬기에 변화를 줄 수 있다. 알킬기가 모두 메틸이면 액체상이 비극성이다. 메틸기의 10% 가량이 페닐기로 치환되어 있으면 극성이 다소 증가된다. 메틸기가 다른 작용기로 치환되면 거의 모든 경우에 적용될 수 있는 여러 가지 정지상이 될 수 있다. Polyethylene glycol 및 diethylene glycol succinate는 극성물실을 분리하는데 이용되는 액제상이다. 어떤 액체상을 선택할 것인가는 시행착오와 경험을 토대로 결정될 수 있다.

표 4-2 GC에 사용되는 액체 정지상.

컬럼의 극성	최고 온도,℃	화학조성	응용
비극성	350	Polydimethyl siloxane $\left[O-Si(CH_3)_2-O-Si(CH_3)_2-O \right]_n$	보통의 비극성상, 탄화수소류, 방향족, 스테로이드류
중간 극성	350	Polymethylphenyl siloxane $\left[O-SiR_2-O-SiR_2-O \right]_n$, R = CH_3 or C_6H_5	지방산, 알카로이드류, 할로젠 화합물, 살충제, 글리콜류
극성	250	Polyethylene glycol $\left[OCH_2CH_2O \right]_n$	유리산, 알코올류, 에터, 불포화지방산류
극성	200	Diehtylene glycol succinate $\left[OCH_2CH_2O-\overset{O}{\overset{\Vert}{C}}CH_2CH_2\overset{O}{\overset{\Vert}{C}}-O \right]_n$	유리산, 알코올류, 에터, 글리콜류, 불포화지방산류

3.5 ▸ 검출기

검출기는 검체를 인식하고 인식한 정보를 전기 신호로 전환하는 기능을 한다. 기체 크로마토그래피에 이용할 목적으로 여러 가지 검출기들이 개발되어 있지만 **불꽃이온화 검출기**(frame ionization detector, FID), **열전도도 검출기**(thermal conductivity detector) 및 **질량분석 검출기**(mass spectrometric detector)가 주로 이용된다. 이와 같은 검출기를 이용하면 컬럼의 끝에서 분석물질이 나타나는지를 알 수 있을 뿐만 아니라 이들이 어떤 물질인지 양은 얼마나 되는지 등에 대한 정보를 얻을 수 있다.

3.6 ▸ 불꽃 이온화 검출기

기체 크로마토그래피에 가장 폭넓게 사용되는 검출기는 불꽃 이온화 검출기이다. 대부분의 유기화합물들은 공기/수소 불꽃 온도에서 열분해 될 때 전자와 이온을 방출한다. 이들 이온과 전자들이 이동하면서 생기는 전류를 측정한다. 불꽃 이온화 검출기는 고도로 민감한 검출 시스템이며 모세관 컬럼에 공통적으로 이용된다. 컬럼의 출구를 나온 운반기체는 수소 및 산소와 함께 섞인다. 수소는 작은 금속 또는 석영 사출장치에서 연소되면서 대부분의 유기물질들의 증기를 이온화시키는 불꽃을 생산한다.

$$H_2 + O_2 + \text{유기 화합물} \xrightarrow[\Delta]{} CO_2 + H_2O + \text{양이온} + \text{음이온} + \text{전자}$$

$$n\text{이온} + n\text{전자} \longrightarrow \text{전류}$$

불꽃 이온화 검출기를 도해하면 **그림 4-8**과 같다. 불꽃이온화 과정에서 생산된 음이온과 양이온들은 각각 양극과 음극에서 수집되어 외부 회로로 흘러 들어가는 전류를 생산한다. 이 전류가 전위계로 들어갈 때의 감응이 기록된다.

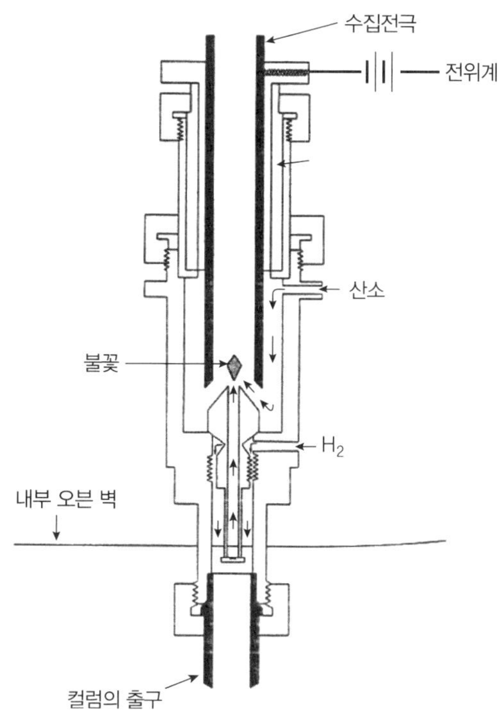

그림 4-8 불꽃 이온화 검출기.

3.7 ▸ 열전도도 검출기

열전도도 검출기도 폭넓게 이용되는 기체 크로마토그래피용 검출기이다. 여기서는 어떤 물질이 뜨거운 부분으로부터 찬 부분으로 열을 전달하는 능력을 측정한다. 열전도도 검출기에서는 열전도도가 매우 높은 헬륨이 운반기체로 사용된다. 검체인 유기분자들은 느리게 확산되는 낮은 열전도체이기 때문에 검체가 헬륨과 섞이면 혼합기체의 전도도가 낮아진다. 검체가 컬럼으로부터 나오면 혼합기체의 전도도가 낮아지기 때문에 필라멘트는 더 뜨거워지게 된다. 이때 전기 저항이 커지기 때문에 필라멘트를 지나가는 전압에 변화가 생기고 이 전압의 변화가 검출기에 의해 측정된다. 일반적으로 이용되는 열전도도 검출기를 도해하면 **그림 4-9**와 같다. 컬럼으로부터 용출 기체가 텅스텐과 레늄의 합금 또는 백금으로 이루어진 필리멘트 위로 흘러 들어간다. 필라멘트의 온도는 보통 200~400°C로 유지된다. 열전도도 검출기는 안정성, 단순성 및 분리된 시료의 회수와 같은 장점이 있는 반면 감도가 낮기 때문에 직경 0.53 mm 이하의 모세관 컬럼에는 사용되지 않는다.

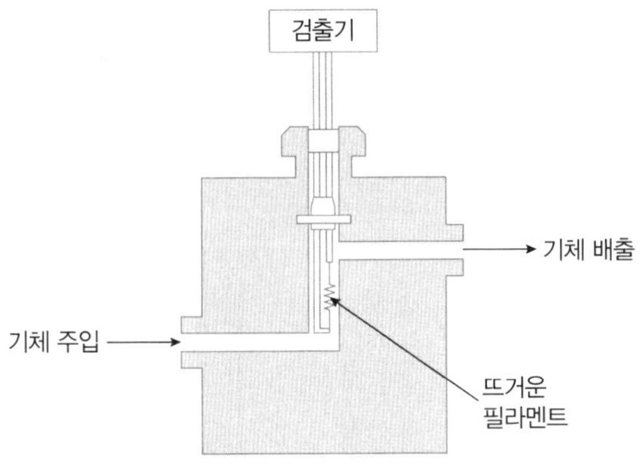

그림 4-9 열전도도 검출기.

3.8 ▸ 질량분석 검출기

질량분석기는 매우 감도가 큰 검출기이며 정량 및 정성분석에 모두 이용할 수 있다. 기체 크로마토그래피에 질량분석기를 연결시킨 시스템을 GC-MS라고 한다. GC-MS를 도해하면 **그림 4-10**과 같다.

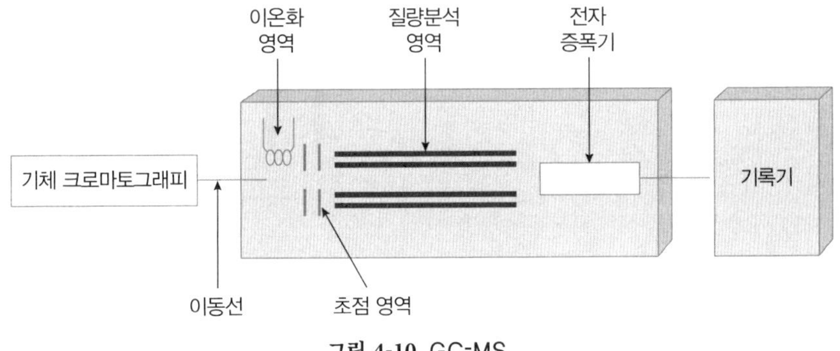

그림 4-10 GC-MS.

GC-MS는 자연계에 존재하는 수많은 종류의 화합물들을 동정하고 정량하는 데 이용되고 있다. 식품의 냄새와 맛 성분을 분석하고 오염물질을 분석하는 것은 물론이고 질병 진단과 약물 대사물질 등을 연구하는데 이용된다. 최근의 GC-MS는 예외 없이 모세관 컬럼을 이용하고 있다. GC-MS에서 사용하는 이온 소스는 **전자 충격**(electron impact)과 **화학 이온**(chemical ion) 소스이다. 가장 보편적으로 사용하는 질량분석 시스템은 **사중극자**(quadrupole), **이온포집**(ion trap) 또는 **비행 시간형**(time of flight) 분석관이다.

질량분석계는 크로마토그래피 상에서 분리가 일어나는 동안 반복해서 질량을 주사한다. 예를 들면, 크로마토그래피 상의 분리가 10분 동안 일어난다면 초당 한번씩 주사하여 600 개의 질량분석 스펙트럼을 얻는다. 얻어진 데이터는 **총 이온 크로마토그램**(total ion chromatogram)이나 **선택 이온 측정법**(selected ion monitoring)과 같은 몇 가지 방식으로 분석된다. 총 이온 크로마토그램은 각 스펙트럼에 있는 이온의 존재량(총 이온 전류)을 모두 합하여 시간의 함수로 나타낸 것이다. 선택 이온 측정법은 전체 질량분석 스펙트럼을 기록하지 않고 어떤 특정한 m/z 값의 **이온 살**(ion beam)의 세기만 기록하는 법이다. 최근에는 기체

크로마토그래피가 **이중질량 분석기**(tandem mass spectrometer)와 연결되어 사용된다. 이 시스템은 혼합물 속에 들어있는 복잡한 성분들을 분석하는데 탁월한 능력을 보여준다.

3.9 ▸ 기록계

컬럼을 지나 기록계에서 검출된 시료의 전기신호의 세기를 시간의 함수로 도해한 것을 **크로마토그램**(chromatogram)이라고 한다. 후추 휘발 성분의 GC 크로마토그램을 도시하면 **그림 4-11**과 같다.

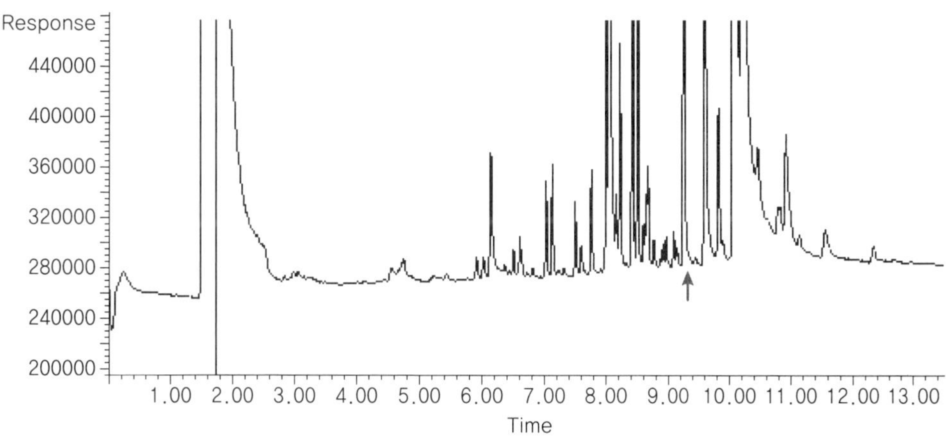

그림 4-11 후추 휘발 성분의 GC 크로마토그램.

크로마토그램으로부터 혼합물을 구성하고 있는 성분 물질들이 검출기를 지나갈 때 발생하는 전기신호의 변화를 읽을 수 있다. 대부분의 최신식 기체크로마토그래피에는 결과를 수정해서 기록계에 나타낼 수 있는 컴퓨터 단말기가 장착되어 있다. 컴퓨터는 크로마토그램을 인쇄해낼 뿐만 아니라 머무름 시간, 각 피크의 면적 및 전체 면적에 대한 퍼센트와 같은 테이블을 자동적으로 출력해낸다.

3.10 ▸ 머무름 시간

얇은막 크로마토그래피의 R_f 값에 해당하는 **머무름 시간**(retention time)은 기체 크로마토그래피에서도 중요한 파라미터 중 하나이다. 기계를 같은 조건으로 일정하게 유지하면 같은 화합물은 항상 같은 머무름 시간을 보여준다. 시료를 주입하는 시점으로부터 피크 정점이 나타나는 시간까지의 거리가 해당 화합물의 머무름 시간이다. 컴퓨터 단말기가 장착된 대부분의 기체 크로마토그래피에서는 각 피크의 꼭대기에 머무름 시간이 표시된다. 머무름 시간을 결정하는 가장 중요한 인자는 화합물의 구조이지만 액체 정지상, 컬럼의 길이, 운반기체, 컬럼 온도, 컬럼의 직경 및 시료의 양 등도 머무름 시간에 영향을 준다. 따라서 기체 크로마토그래피 실험을 할 때는 머무름 시간과 함께 이들 실험 파라미터도 함께 기록해 두어야 한다. 기계적 조건을 일정하게 하면 머무름 시간은 검체를 동정하는데 이용될 수 있다. 또 기체 크로마토그래피는 유기화합물들의 순도를 결정하는 데 이용될 수 있다. 만약 어떤 화합물에 불순물이 있다면 화합물의 피크 외에 불순물의 피크들도 관찰된다. 불순물 피크의 면적으로부터 오염의 정도도 평가할 수 있다.

3.11 ▸ 피크면적

피크면적은 검체의 양에 비례한다. 따라서 피크면적을 계산하면 시료에 있는 검체의 농도를 결정할 수 있다. 농도는 일련의 검체 농도들에 대해 작성된 보정곡선으로부터 결정된다.

3.12 ▸ 분석에 필요한 조건의 선택

분석에 필요한 조건들에는 주입 온도, 검출기 온도, 컬럼 온도, 온도 프로그램, 운반기체, 운반기체의 흐림 속도, 컬럼의 정지상, 컬럼의 직경과 길이, 주입 형태와 흐림 속도, 시료의 양 및 주입 테크닉 등이 있다. 기체 크로마토그래피에 장착된 검출기의 종류에 따라 여러 가지 검출 조건이 있을 수 있다. 어떤 GC에는 시료의 경로와 운반 속도에 변화를 주는 밸브가 있다. 이들 밸브를 열고 잠그는 시점도 분석 조건에 중요할 수 있다. 분석에 필요한 조건을 선택하는 문제는 비교적 까다롭기 때문에 실험 조교의 설명을 잘 듣고 지시를 따라 실험을 수행하여야 한다.

4. 고성능 액체 크로마토그래피

고성능 액체 크로마토그래피는 보통 작은 입자 사이즈의 충진물질을 충진시킨 관 크로마토그래피의 일종이다. HPLC는 화합물을 동정하고 정량할 뿐만 아니라 혼합물을 구성하고 있는 성분 물질들을 정제할 목적으로 생물학, 화학, 농학 및 약학 등에서 폭넓게 이용되고 있다.

HPLC는 컬럼을 채우고 있는 정지상, 컬럼 안에 있는 이동상과 시료를 움직이게 하는 펌프 및 시료의 성분에 따라 다른 머무름 시간, 각 검체들의 양을 나타내는 크로마토그램 상의 피크 면적을 보여주는 검출기 및 기록기로 이루어져 있다. 전형적인 HPLC의 장치를 도해하면 **그림 4-12**와같다.

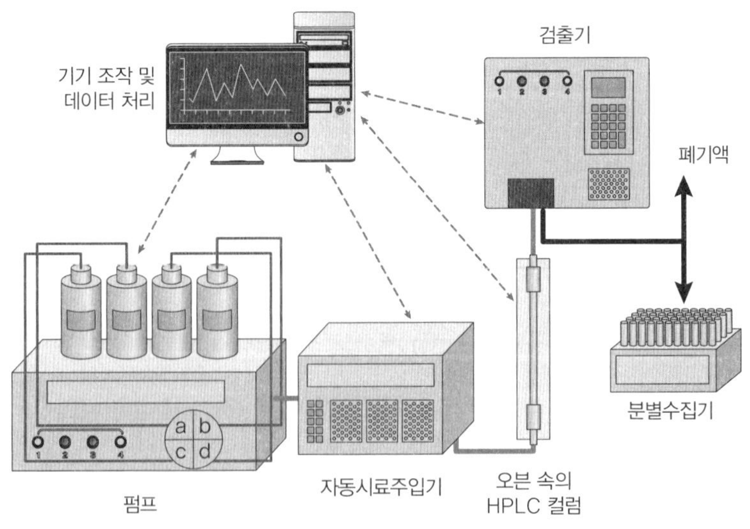

그림 4-12 HPLC 장치의 도해.

4.1 ▸ HPLC 컬럼

HPLC는 GC와는 달리 열린관컬럼보다는 충진컬럼을 이용한다. 충진컬럼 속에 있는 액체 정지상은 입자크기가 5 μm 이하이므로 이동상과 매우 큰 표면적의 액체 정지상과 이동상 사이에서 화합물들이 효과적으로 분배될 수 있다. 그러나 작은 크기의 입자들은 매우 촘촘하게 충진되어 있기 때문에 컬럼 속에서 용매의 이동이 쉽지 않다. 컬럼 속에서 적당한 속도로 용매를 이동시키기 위해서는 50 기압 이상의 압력이 필요하다. HPLC 기구에는 적은 양의 시료 용액을 컬럼으로 주입하기 위한 자동 주입 시스템이 사용된다. 본 컬럼의 앞쪽에는 짧은 **보호 컬럼**(guard column)이 장착된다. 보호 컬럼은 본 컬럼을 손상시킬 수 있는 화합물들을 강하게 흡착하여 본 컬럼을 보호하며 주기적으로 교체하여야 한다. 0.01~1.0 mg의 시료를 분석하는데 사용되는 본 컬럼의 크기는 보통 길이 50~250 mm, 내경 4.6 mm 이하이다.

4.2 ▸ 정상 HPLC

정상(normal-phase) **HPLC**는 실리카와 같은 극성 정상 흡착제의 표면에 대한 친화도를 이용하여 검체들을 분리한다. 정상 HPLC는 비극성 이동상을 사용하며 비극성 용매에 쉽게 녹을 수 있는 검체들을 효과적으로 분리하는데 이용될 수 있다. 흡착력의 세기는 검체의 극성이 증가할수록 커진다. 상호작용의 세기는 검체 분자 내에 존재하는 작용기뿐만 아니라 입체적인 인자에 따라서도 달라진다. 상호작용의 세기에 미치는 입체적인 영향은 구조 이성질체를 분리하는 근거가 된다. 이동상보다 극성이 큰 용매가 사용되면 검체의 머무름 시간을 감소시키는 반면 보다 소수성인 용매는 머무름 시간을 증가시킨다.

4.3 ▸ 역상 HPLC

역상(reverse-phase) **HPLC**는 비극성 정지상과 수용성 극성 이동상으로 이루어져 있다. 대부분의 HPLC는 역상으로 수행된다. 일반적인 정지상 중의 한 가지 형태는 RMe_2SiCl로 표면이 수정된 실리카이며 여기서 R은 $C_{18}H_{37}$ 또는 C_8H_{17}이다. 이와 같은 정지상에서는 화합물의 극성이 적을수록 머무름 시간이 길어지는 반면 극성이 큰 분자는 비극성 정지상과 효과적으로 경쟁하지 않기 때문에 먼저 용리된다(머무름 시간이 길다). 이동상에 물의 양을 증가시키면 머무름 시간이 길어진다. 물의 양이 증가하면 비극성 정지상에 대한 비극성 검체의 친화도가 더 강하게 된다. 마찬가지로 이동상에 유기용매의 양을 증가시키면 머무름 시간이 감소된다.

4.4 ▸ 검출기

간단한 HPLC 시스템에서는 검출기로서 254 nm 수은 자외선 램프를 이용한다. 그러나 보통은 다이오드 배열의 자외선/가시광선 검출기를 사용한다. **배열 광다이오드**(photo-diode array)검출기에는 500~1000개의 개별 검출기가 있으며 각각은 1~2 nm의 스펙트럼 간격을 유지하면서 거의 전체 자외선/가시광선 영역을 커버하고 있기 때문에 컬럼에서 나오는 화합물들을 거의 모두 검출할 수 있다. 검출기에서 나오는 아날로그 시그널은 컴퓨터에 의해 디지털화 된다. 배열 광다이오드 검출기는 210 nm 이상의 자외선 흡수가 있을 때만 검출할 수 있으며 보통 대부분의 유기화합물들은 이 조건을 만족한다. HPLC는 보정곡선을 만드는데 필요한 표준물질이 있을 때는 정량분석에도 매우 유용하게 이용될 수 있다. 감귤 품종의 하나인 병귤의 HPLC 크로마토그램을 예시하면 **그림 4-13**과 같다.

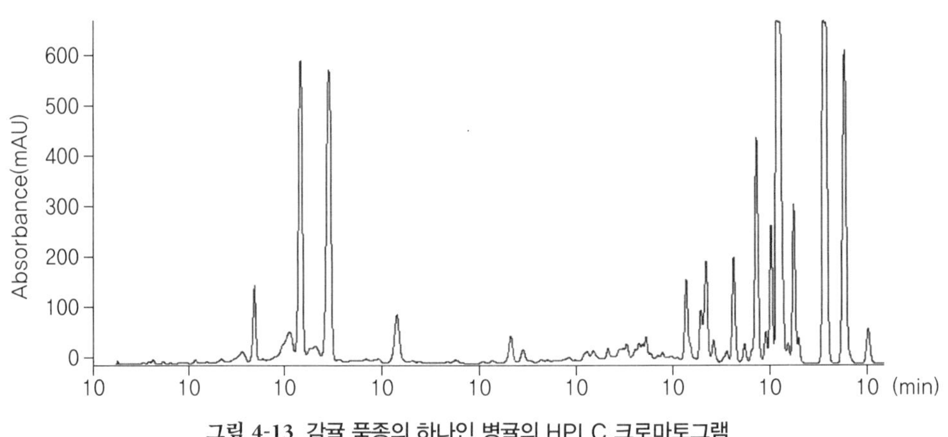

그림 4-13 감귤 품종의 하나인 병귤의 HPLC 크로마토그램.

5. 광학 활성의 측정

거울상이 서로 포개지지 않은 화합물을 **카이랄**(chiral)하다고 한다. 카이랄한 화합물은 편광면을 왼쪽 또는 오른쪽으로 돌릴 수 있는 **광학 활성**(optical activity)을 보여준다. 광학 활성을 측정하면 화합물을 동정하거나 **카이랄 중심**(chiral center)에서 일어나는 화학 반응을 이해하는데 도움이 된다. 광학 활성은 **그림 4-14**에 도시한 것과 같은 **편광계**(polarimeter)를 이용하여 측정한다.

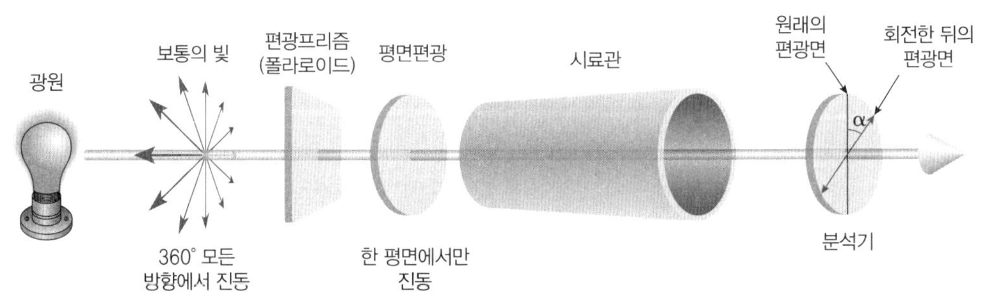

그림 4-14 편광계.

광원에서 출발하는 빛은 빛이 진행하는 방향에 수직인 모든 방향에서 진행하는 입체파이다. 빛이 편광프리즘을 통과하면 한 평면에서만 진동하는 **평면편광**(plane polarized light)으로 바뀐다. 시료관 속의 광학 활성 분자는 평면편광을 회전시키면 분석기가 회전된 각도를 측정한다 589 nm와 589.6 nm에서 강한 선 스펙트럼을 보여주는 소듐 램프가 일반적으로 광원으로 이용된다. 이 선들을 **소듐 D선**(sodium D line)이라고 한다.

광학 활성의 크기는 **고유광 회전도**(specific rotation, $[\alpha]^{온도}_{파장}$)로 나타내며 이것은 광학 활성 물질의 농도, 시료관의 길이, 빛의 파장, 용매 및 온도에 따라 달라진다. 온도는 섭씨 온도이며 파장은 사용된 빛의 파장이다. 고유광회전도는 관찰된 회전각으로부터 계산된다.

$$[\alpha]^{온도}_{파장} = \frac{\alpha}{l \times c}$$

여기서 α는 관찰된 회전각, l은 dm로 나타낸 시료관의 길이이고, c는 시료의 농도(g/mL)이다.

거울상이성질체의 순도는 거울상이성질체 초과량(% ee)로 나타내며 다음 식으로 계산된다.

$$\%\ ee = \left(\frac{[\alpha]측정된\ 화합물}{[\alpha]순수한\ 화합물}\right) \times 100\%$$

즉, 어떤 순수한 화합물의 고유광회전도가 $[\alpha] = +11.0$인데 측정된 화합물의 고유광회전도가 $[\alpha] = +5.5$라면

$$\%\ ee = \left(\frac{5.5}{11.0}\right) \times 100\% = 50\%\text{이다.}$$

이 결과는 화합물 100개의 분자 중 75개의 분자는 (+)-이성질체이고 나머지 25개는 (−)-이성질체라는 것을 의미한다.

LABORATORY EXPERIMENTS FOR
ORGANIC CHEMISTRY

5 구조 결정과 분광법

유기화학에서 공부해야 하는 중요한 내용 중의 하나가 화합물의 구조를 결정하는 방법이다. 구조를 결정해야 할 화합물은 반응으로부터 분리된 화합물일 수도 있고 밀매되는 불법 의약품 시료일 수도 있다. 이때는 구조를 결정할 수 있는 실마리를 쉽게 얻을 수 있다. 그러나 식물이나 동물로부터 분리된 화합물일 때는 구조를 규명하는데 필요한 정보가 매우 제한된다. 수십 년 전까지만 해도 그와 같은 화합물의 구조를 결정하는 일은 매우 어려웠으며 구조를 푸는데 몇 년씩이나 걸리기도 하였다. 화합물에 여러 가지 반응을 적용하는 방법이 일반적으로 사용되었다. 여러 가지 반응들로부터 구조와 관련된 단편적인 정보들을 수집한 다음 조각 그림 맞추기와 같은 방법으로 구조를 밝혀 나갔다.

현대 유기화학자들은 분자가 흡수하는 빛에너지와 분자구조 사이의 상관관계를 분석하는 원리인 **분광법**(spectroscopy)을 이용함으로써 미지 화합물의 구조를 결정한다. 이 때 사용하는 장치들을 **분광기**(spectrometer)라고 한다. 이 장치들을 이용하면 짧은 시간 내에 미지 화합물의 구조를 구명할 수 있다.

이 장에서 우리는 먼저 **전자기 복사선**(electromagnetic radiation)과 분광법의 일반적인 원리를 공부할 것이다. 그런 다음 **적외선 분광법**(infrared spectroscopy)을 이용하여 유기화합물이 가지고 있는 작용기를 분석하는 방법, **핵자기공명 분광법**(nuclear magnetic resonance spectroscopy)을 이용하여 화합물의 탄화수소 부분을 분석하는 방법, **자외선 가시광선 분광법**(ultraviolet-visible spectroscopy)를 이용하여 π-컨쥬게이트 계를 조사하는 요령을 공부할 것이다. 마지막 절에서는 **질량 분석법**(mass spectroscopy)을 이용하여 분자량과 분자식을 구하는 방법을 배울 것이다.

1. 전자기 복사선과 분광법의 원리

빛은 파동으로서의 성질과 입자로서의 성질을 동시에 갖고 있다. 가시광선 뿐만 아니라 자외선, 적외선, 마이크로웨이브를 포함하는 모든 빛을 파동으로 설명할 때 **전자기 복사선**(electromagnetic radiation)이라고 하는 표현을 사용한다. 파동으로서의 빛은 파의 연속되는 봉우리와 봉우리 사이의 거리인 **파장**(wavelength), λ로서 정의된다. 파장은 센티미터 또는 나노미터와 같은 거리의 단위로 표시된다.

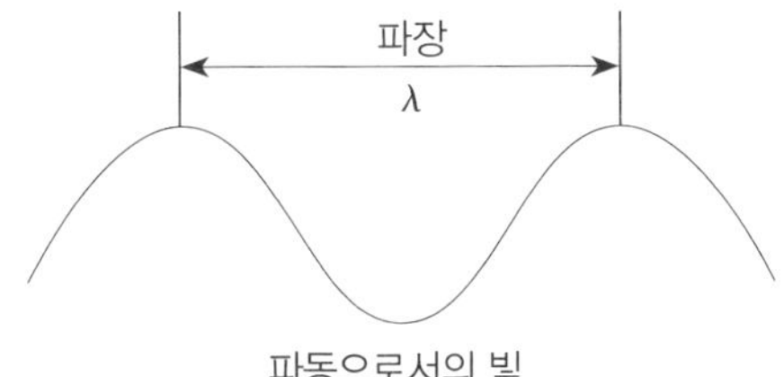

파동으로서의 빛

빛은 또한 초당 어떤 점을 지나가는 파의 수인 **진동수**(frequency), **ν**로도 정의된다. 진동수는 초당 파의 수를 나타내는 s^{-1} 또는 헤르츠, Hz의 단위로 나타낸다. 빛의 속도 *c*는 진동수와 파장의 곱이고 **광자**(photon), ε로 나타낸 빛의 에너지, E는 진동수와 Plank 상수, *h*의 곱으로 나타내므로 다음과 같이 표현할 수 있다.

$$c = \lambda\nu,\ E = h\nu = hc/\lambda$$

$$\text{Plank 상수} = h = 6.62 \times 10^{-34}\ \text{J·s} = 1.58 \times 10^{-34}\ \text{cal·s}$$

$$\text{빛의 속도} = c = 3 \times 10^{10}\ \text{cm}$$

이 식에 의하면 빛에너지는 진동수에 비례하고 파장에 반비례한다. 에너지가 가장 큰 우주선으로부터 가장 작은 라디오파까지의 전자기 복사선들을 진동수 또는 파수의 단위로 도시하면 **그림 5-1**과 같다.

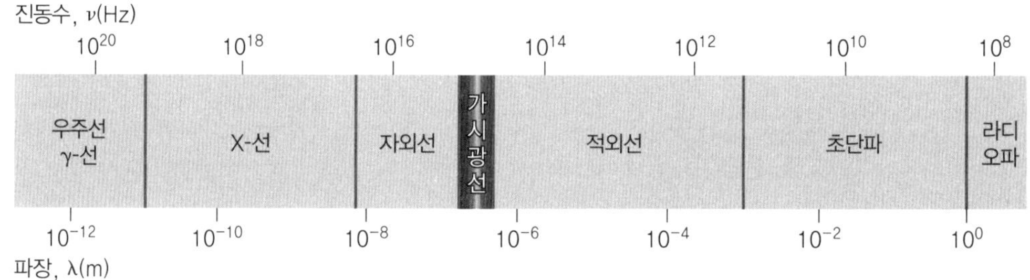

그림 5-1 전자기 복사선의 연속 스펙트럼.

분자의 모든 상태는 어떤에너지 준위들을 가지고 있으며 이 에너지 준위들은 **양자화**(quanatized) 되어 있다. 그 예로, 1*s* 궤도함수와 2*s* 궤도함수는 양자화된 에너지 준위에 있으며 이들 사이의 중간에너지를 가지고 있는 궤도함수는 존재하지 않는다.

분자의 에너지 상태들은 양자화되어 있기 때문에 분광학적 방법으로 분자의 구조를 규명할 수 있다. 이 원리는 **그림 5-2**와 같이 두 가지 에너지 상태만 가지고 있는 가상적인 분자를 이용하여 설명할 수 있다. 두 에너지 상태 중 낮은 에너지 쪽을 **바닥상태**(ground state)라고 하고 높은 에너지 상태는 **들뜬상태**(excited state)라고 한다.

바닥상태의 분자에 두 상태 사이의 에너지 차이와 정확하게 일치하는 전자기 복사선을 가하면 분자가 이것을 흡수하여 들뜬상태가 된다. 두 상태 사이의 에너지와 일치하지 않는 전자기 복사선은 분자에 아무런 변화를 일으킬 수 없다. 흡수되는 에너지의 양을 파장 또는 진동수의 함수로 도시한 것을 **스펙트럼**(spectrum)이라고 한다. 스펙트럼으로부터 분자가 가지고 있는 에너지 준위들 사이의 차이에 관한 정보를 얻을 수 있다. 에너지 준위들은 분자의 구조에 의존하기 때문에 이 정보를 이용하면 분자들의 구조를 결정할 수 있다.

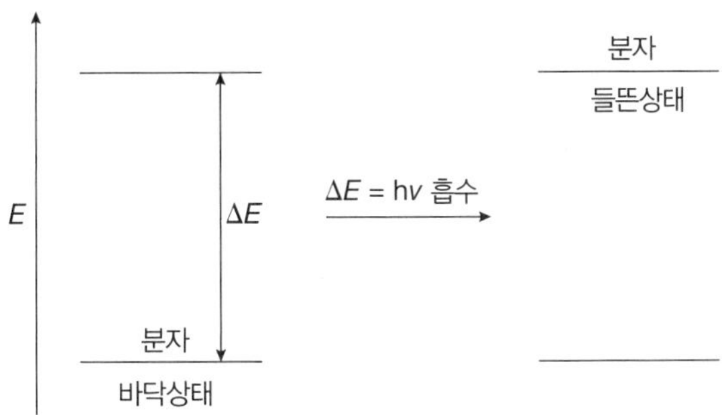

그림 5-2 가상적인 분자의 두 에너지 상태.

2. 적외선 분광법

공유결합으로 연결되어 있는 원자핵들은 스프링으로 연결되어 있는 공처럼 끊임없이 진동한다. 분자의 진동은 결합된 원자들 사이의 거리가 변하는 **신축진동**(stretching vibration)과 결합 각이 변하는 **굽힘진동**(bending vibration)의 두 가지 형태가 있다.

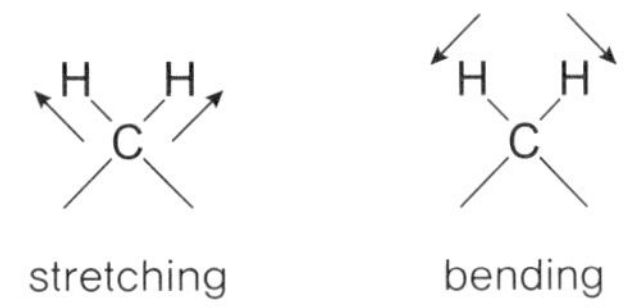

분자와 관련된 다른 모든 에너지와 마찬가지로 **진동에너지**(vibration energy)도 양자화되어 있다. 실온에서 분자들은 가장 낮은 진동에너지 준위에 있다. 준위들 사이의 에너지 차이는 1~14 Kcal/mol 정도이며, 이것은 **적외선**(infrared, **IR**)의 복사에너지 범위와 일치한다. 그러므로 분자에 적외선에너지를 쪼여주면 바닥상태와 어떤 높은 상태 사이의 에너지 차와 일치하는 빛이 흡수되면서 분자가 높은 진동에너지 준위로 들뜨게 된다. 흡수한 적외선에너지는 분자 내 어떤 구조의 고유한 진동에너지와 같으므로 분자의 적외선 스펙트럼을 조사하면 그 분자가 어떤 작용기를 가지고 있는가를 알 수 있다. 즉, 어떤 특정한 형태의 공유결합은 언제나 적외선 스펙트럼의 어떤 특정 위치에서 흡수 피크를 보여준다. 따라서 미지 화합물의 IR 스펙트럼을 조사하면 그 화합물이 케톤인지 알데하이드인지 또는 알코올인지를 알 수 있다.

적외선에너지의 흡수를 측정하는 데 사용하는 장치를 **FTIR 분광계**(fourier transform infrared spectrometer)라고 한다. FTIR 분광계를 모형으로 도시하면 **그림 5-3**과 같다.

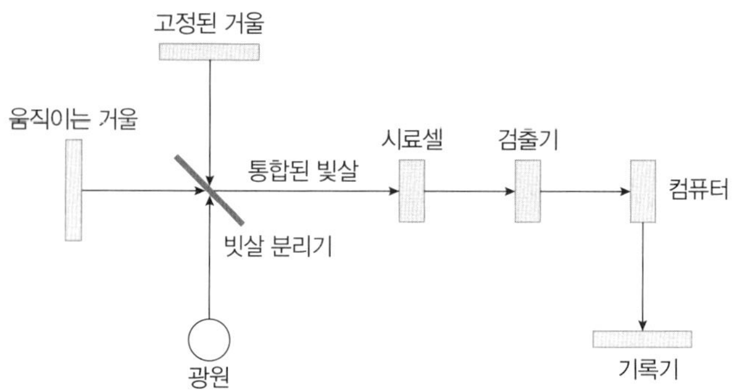

그림 5-3 FTIR 분광계의 모형도.

이 장치에서는 광원에서 나온 적외선이 두 개의 빛살로 분리된다. 한 빛살은 위치가 고정된 거울을 향하고 다른 한 빛살은 천천히 반복적으로 왕복하는 거울로 향한다. 두 거울에서 반사되어 나오는 빛살이 한 개의 빛살로 합쳐져서 간섭 현상이 일어나면 검출기에서 검출될 수 있는 빛살로 변조된다. 시료를 통과한 적외선 신호가 검출되고 디지털화 된 후, 컴퓨터에서 fourier-transform이라고 하는 계산을 거치게 되면 IR 스펙트럼이 만들어진다.

3-Pentanone과 cyclohexanone의 IR 스펙트럼을 도시하면 **그림 5-4**와 같다.

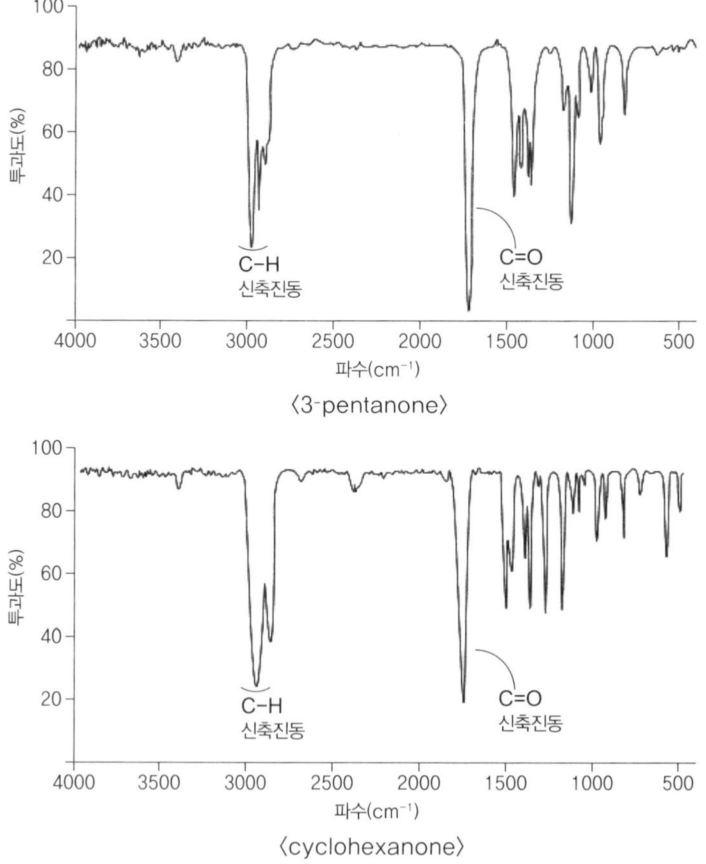

그림 5-4 3-Pentanone과 cyclohexanone의 IR 스펙트럼.

스펙트럼에서 *y*축은 투과된 빛의 백분율(퍼센트 투과율, %T)을 나타낸다. 스펙트럼의 맨 위쪽이 100% 투과율(빛이 흡수되지 않음)을 나타낸다. 그러므로 흡수 피크는 스펙트럼의 위쪽에서 아래쪽으로 그려진다. *x*축에 표시되는 흡수 피크의 위치(흡수에너지)는 파장 또는 진동 수 보다 **파수**(wavenumbers), $\overline{\nu}$ 로 나타낸다. 파수의 단위는 파장의 역수이며 cm^{-1}이다.

$$\overline{\nu} = \frac{1}{\lambda}$$

파수는 에너지에 정비례한다. 즉, 파수가 클수록 에너지가 더 높다. 대부분의 IR 스펙트럼에는 4000~500 cm^{-1}까지의 파수 범위가 기록된다.

그림 5-4의 두 스펙트럼에서 2900 cm^{-1}과 1700 cm^{-1} 근처에서 각각 C−H 신축진동과 C=O 신축진동 피크를 볼 수 있다. 두 화합물뿐만 아니라 카보닐기를 가지고 있는 모든 케톤은 1700 cm^{-1} 근처에서, 알킬 골격의 모든 C−H는 2900 cm^{-1} 근처에서 비슷한 피크를 보여준다.

Cyclohexanone과 3-pentanone 두 스펙트럼은 낮은 파수 영역인 1500~500 cm^{-1}에서 두드러진 차이를 보여준다. 신축진동과 굽힘진동들이 뒤섞여서 나타나는 이 영역은 화합물이 다르면 반드시 다르게 나타난다. 사람이 다르면 지문이 다르듯이 화합물이 다르면 다르게 나타나는 이 영역을 **지문영역**(fingerprint region)이라고 한다.

그림 5-5에 대표적 작용기를 가지고 있는 cyclohexanol, heptanoic acid 및 aniline의 IR 스펙트럼을 도시하였으며 **표 5-1**에 대표적 작용기들의 피크 위치를 종합하였다.

표 5-1 대표적 작용기들의 피크 위치.

작용기	파수, cm^{-1}	작용기	파수, cm^{-1}
신축진동		−C≡C−	2100~2260
−C−H	2850~2950	−C−O	1050~1150
=C−H (알켄)	3000~3100	$-NO_2$	1540
=C−H (방향족)	3030	C−Br	500~600
≡C−H	3310~3320		
=N−H	3350~3500	굽힘진동	
−O−H (알코올)	3200~3600	벤젠 유도체	
−O−H (카복실산)	2500~3600	일 치환	730~770, 690~710
−C=C−(알켄)	1620~1680	*오쏘*-이 치환	735~770
−C=C−(방향족)	1600, 1500	*메타*-이 치환	750~810, 680~730
C=O	1650~1780	*파라*-이 치환	790~840
C=O	1650~1780	*cis*-RCH = CHR	670~730
−C≡N	2210~2260	*trans*-RCH = CHR	960~980

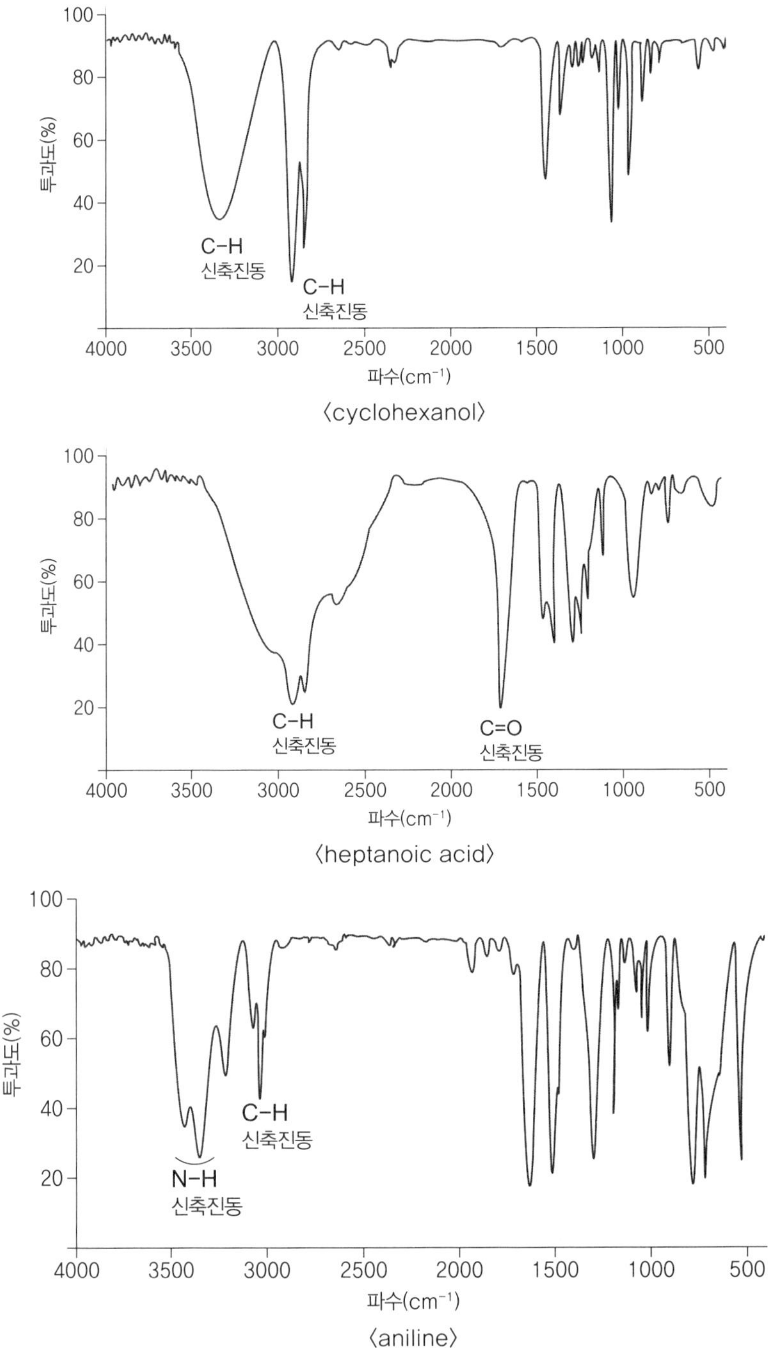

그림 5-5 Cyclohexanol, heptanoic acid 및 aniline의 IR 스펙트럼.

3. 핵자기공명 분광법

핵자기공명 분광법(nuclear magnetic resonance spectroscopy, NMR)을 이용하면 유기 분자들의 기본 골격인 탄화수소에 관한 정보를 얻을 수 있기 때문에 구조를 규명하는데 매우 효과적인 방법이다. 유기화합물의 구조를 분석할 때는 이 방법을 가장 많이 이용한다. NMR 스펙트럼을 해석하는 요령을 익히기 전에 먼저 NMR 현상이 일어나는 원리를 간단히 설명하면 다음과 같다.

^{1}H 또는 ^{13}C를 포함하는 여러 가지 원자핵들은 팽이처럼 자전하고 있다. 핵은 양전하를 가지고 있기 때문에 일종의 작은 자석으로 행동한다. 보통 상태에서 핵들은 무질서하게 배열되어 있지만 강한 자기장을 걸어주면 한 막대 자석의 N극이 다른 자석의 S극 쪽으로 끌리어 일렬로 정렬되는 것처럼 일정한 배열만 가지게 된다.

회전하는 ^{1}H 또는 ^{13}C 핵들의 자기장은 외부에서 걸어주는 자기장의 방향과 평행(parallel)하거나 역 평행(antiparallel)하게 정렬된다. 자기장이 평행하게 되는 핵의 회전을 α 스핀 상태(또는 스핀 $+\frac{1}{2}$) 역 평행하게 되는 회전을 β 스핀 상태(또는 스핀 $-\frac{1}{2}$)라고 한다. 막대자석과 ^{1}H 핵의 정렬을 도시하면 **그림 5-6**과 같다.

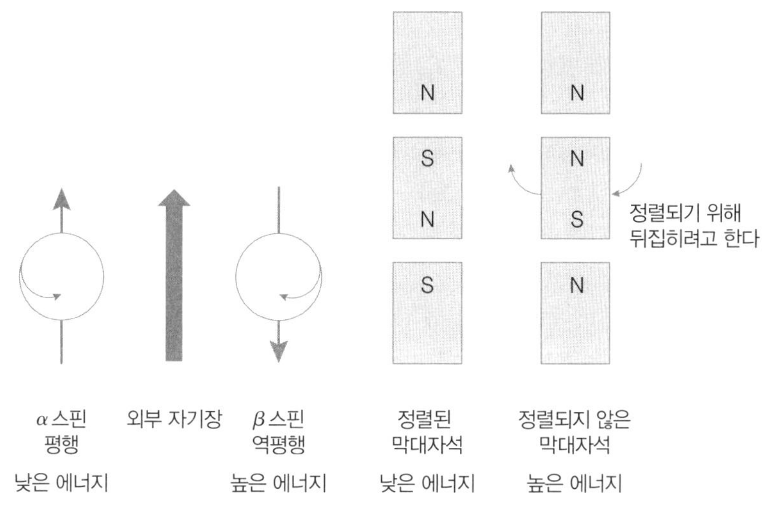

그림 5-6 막대자석과 ^{1}H 또는 ^{13}C 핵의 정렬.

α 스핀 상태가 β 스핀 상태보다 에너지가 조금 낮으므로 조금 더 많이 존재한다. 여기에 두 상태 사이의 에너지 차와 꼭 같은 에너지를 가하면 α 스핀 상태의 핵들이 에너지를 흡수하여 β 스핀 상태의 핵으로 젖혀진다. 이와 같은 스핀 젖힘 현상을 **공명**(resonance)이라고 하고 공명이 핵에서 일어나기 때문에 **핵자기공명**(nuclear magnetic resonance)이라고 한다. 공명에는 라디오파 영역에 속하는 에너지가 필요하며 이것을 **공명에너지**(resonance energy)라고 한다. 공명에너지의 크기는 외부 자기장에 비례한다. 외부 자기장이 커지면 공명에너지 차가 커지며 β 스핀 상태의 핵보다 α 스핀 상태의 핵 수가 더 많아진다. α 스핀 상태의 핵 수가 많을수록 더 쉽게 신호를 검출할 수 있기 때문에 최신 **핵자기공명 분광계**(NMR spectrometer)에는 강한 자기장을 발생하는 초전도 자석을 사용한다.

4. 가리움과 화학적 이동

분자 내에 있는 모든 ^{1}H 또는 ^{13}C 핵들이 동일한 진동수의 공명에너지를 가지고 있지 않다는 사실 때문에 핵자기 공명 분광학이 구조를 결정하는데 효과적으로 이용될 수 있다.

분자 내 핵들은 전자구름에 **가려져**(shielded) 있으며 전자 밀도는 핵에 따라 서로 조금씩 다르다. 외부에서 자기장을 걸어주면 핵 주위의 전자들은 외부 자기장과 반대 방향의 자기장이 형성되도록 핵 주위를 회전한다. 전자들이 만들어 내는 이 자기장을 **유도자기장**(induced magnetic field)이라고 한다. 유도자기장은 핵이 경험하는 알짜 외부 자기장을 감소시킨다. 핵을 둘러싸고 있는 전자의 밀도가 커질수록 유도자기장의 세기도 커진다.

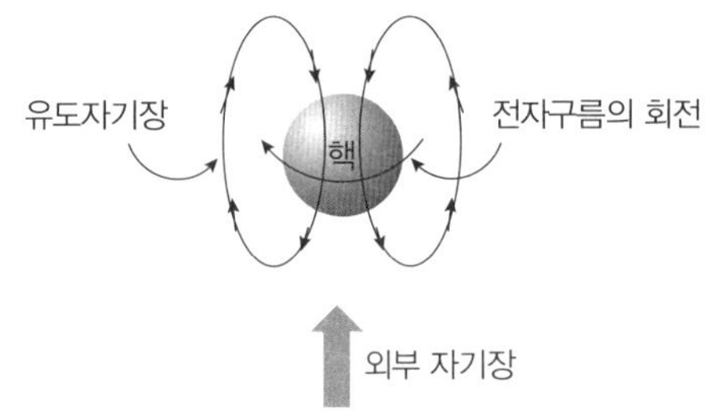

분자 내에 있는 ^{1}H 또는 ^{13}C 핵들은 조금씩 다른 화학적 환경에 놓여 있기 때문에 전자구름에 의해 조금씩 다르게 가려져 있다. 이 때문에 화학적 환경이 다른 핵들은 다른 공명진동수에서 공명한다. 즉, α 스핀에서 β 스핀으로 젖혀진다. 따라서 핵들의 공명진동수를 측정하면 분자 내의 탄소 또는 수소들의 연결 상태를 알아낼 수 있다. 핵들의 공명진동수를 피크로 나타내는 NMR 스펙트럼에서 피크들은 각각 다른 탄소 또는 수소의 공명진동수에 해당된다. 또 ^{1}H 와 ^{13}C의 공명에는 매우 다른 진동수의 에너지가 필요하기 때문에 한 개의 분광계에서 ^{1}H 와 ^{13}C의 스펙트럼을 동시에 얻을 수 없다. 이들 두 스펙트럼은 따로 얻어져야 한다.

실제로는 핵들의 정확한 공명진동수는 쉽게 측정할 수 없다. 대신에 분자내 각 핵의 공명진동수는 표준물질의 수소가 보여주는 진동수에 대한 상대적인 값으로 측정된다. 다시 말하면 표준물질과 화합물의 진동수 차이를 측정하여 NMR 스펙트럼의 피크로 기록한다. NMR 스펙트럼을 얻을 때는 먼저 측정하려는 화합물을 수소가 중수소로 치환된 용매($CDCl_3$, CD_3COCD_3 또는 CD_3SOCD_3)에 녹인 다음 표준물질을 소량 첨가한다.

표준물질로는 **tetramethylsilane**(($(CH_3)_4Si$, **TMS**)가 이용된다. 이 표준물질의 수소들은 거의 대부분의 유기화합물들보다 더 많이 가려져 있기 때문에 스펙트럼의 가장 낮은 진동수 영역에서 피크로 나타난다. TMS의 열두 개 수소는 모두 동등하기 때문에 한 개의 피크로 나타나고 이 피크가 위치의 기준점이 된다. 다른 화합물들의 피크의 위치는 TMS 피크로부터의 **화학적 이동값**(chemical shift, δ)으로 표시하고 **ppm**(parts per million)이라고 하는 단위를 사용한다. 스펙트럼에서 왼쪽을 **낮은 장**(downfield)라고 하고 오른 쪽은 **높은 장**(upfield)이라고 한다. TMS의 δ 값은 0이고 거의 대부분 유기화합물의 수소들은 TMS보다 큰 화학적 이동값을 가지고 있다. 화학적 이동값이 큰 피크 일수록 공명진동수가 크며 피크는 스펙트럼의 낮은 장에서 나타난다. 3,3-Dimethyl-2-butanone ^{1}H NMR 스펙트럼을 도시하면 **그림 5.7**과 같다. 3,3-Dimethyl-2-butanone은 δ = 1.15 ppm과 2.13 ppm에서 각각$(CH_3)_3C$기와 CH_3기의 수소 피크를 보여준다.

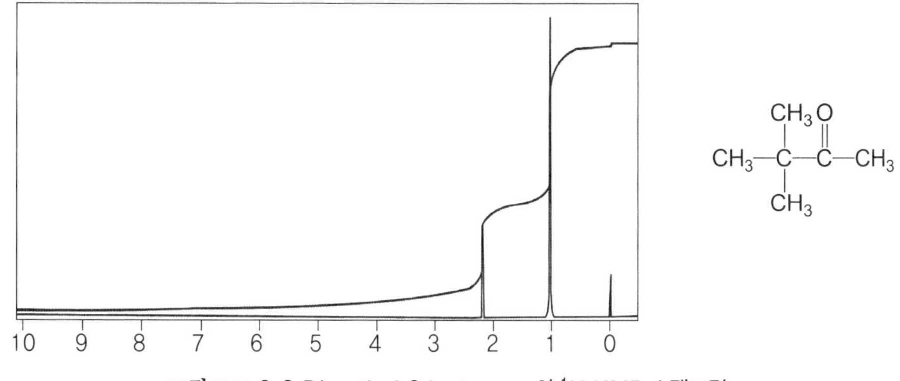

그림 5-7 3,3-Dimethyl-2-butanone의 ^{1}H NMR 스펙트럼.

5. ^{1}H NMR의 화학적 이동과 적분

앞에서는 ^{1}H와 ^{13}C NMR 스펙트럼에 모두 적용되는 내용을 소개하였다. 여기서부터는 ^{1}H NMR을 유기화합물의 구조 분석에 이용하는 방법을 설명한다.

여러 가지 화학적 환경에 있는 수소의 화학적 이동값을 종합하면 **표 5.2**와 같다. 표에서 보는 것처럼 보통 유기화합의 수소들은 대부분 δ = 0~10 ppm 사이에서 관찰된다. NMR 스펙트럼을 해석하기 위해서는 먼저 피크 위치와 관련된 몇 가지 기본적인 원리를 익히고 **표 5-2**에 종합된 정도의 기본적인 화학적 이동값을 기억해야 한다.

표 5-2 대표적인 수소의 화학적 이동값.

수소의 유형	δ(ppm)	수소의 유형	δ(ppm)
C−CH₃	0.8~1.0	—N(−)−CH₃	2.1~3.0
C−CH₂−C	1.2~1.4	—O−CH₃	3.2~3.8
—C(−)(−)−H	1.4~1.7	FCH₃	4.3
C=C(−)−CH₃	1.6~1.9	Cl−CH₃	3.1
Ar−CH₃	2.1~2.5	BrCH₃	2.7
O=C(−)−CH₃	2.1~2.5	Cl₂CH₂	5.3
C=CH₂	4.5~5.0	Cl₃CH	7.3
C=CH(−)	5.2~6.0	—C(=O)−H	9.0~10.0
C≡C−H	2.4~2.7	—C(=O)−OH	10.0~13.0
Ar−H	6.6~8.0	R−OH	0.5~8.0

표 5-2에서 보는 것처럼 일반적으로 포화 탄소에 결합된 수소들이 높은 장에서 나타나고 불포화 탄화수소에 결합된 수소들이 더 낮은 장에서 관찰된다. 수소의 화학적 이동값은 전기음성도의 영향을 크게 받는다. 전기음성도가 큰 원자가 인접한 위치에 치환되어 있으면 수소 핵 주변의 전자밀도가 작아진다. 전자밀도가 작아지면 가리움효과가 작아지므로 화학적 이동값은 낮은 장으로 이동한다. 전기음성도의 크기는 Br $<$ Cl $<$ F의 순서로 증가하므로 halomethane에서 화학적 이동 값도 같은 순서로 증가(낮은 장으로 이동)한다.

전기음성도 및 화학적 이동값 증가 →

	CH_3Br	$<$	CH_3Cl	$<$	CH_3F
할로젠 원자의 전기음성도	2.68		3.05		4.0
메틸 수소의 δ값(ppm)	2.7		3.1		4.3

할로겐의 수가 증가할 때도 같은 경향을 보여준다.

염소원자수 및 화학적 이동값 증가 →

	CH_3Cl	$<$	CH_2Cl_2	$<$	$CHCl_3$
수소의 δ값(ppm)	3.05		5.30		7.27

^{1}H NMR 스펙트럼에서 각 피크의 면적은 그 피크에 해당하는 수소의 수에 비례한다. 피크 면적을 **적분**(integration)하면 분자 내의 화학적 환경이 다른 수소들의 상대적인 수를 계산할 수 있다. 피크 적분은 스펙트럼에 계단 형태로 기록되고 계단의 높이가 수소의 수와 비례한다. 예를 들면 **그림 5-8**에 도시된 4,4-dimethyl-2-pentanone의 ^{1}H NMR 스펙트럼에는 δ = 1.00, 2.10 및 2.33의 세 피크가 있다. 이들의 적분 비는 9:3:2이므로 각각$(CH_3)_3C$, CH_3 및 CH_2기의 수소에 해당됨을 알 수 있다.

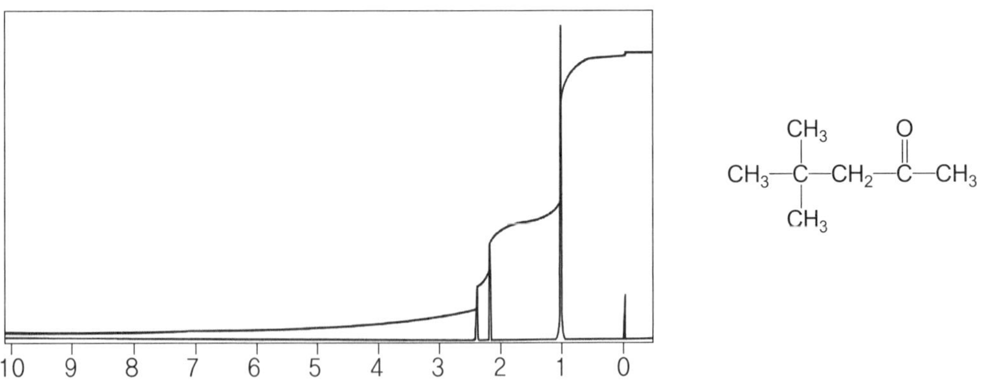

그림 5-8 4,4-dimethyl-2-pentanone의 ^{1}H NMR 스펙트럼.

6. ^{1}H NMR의 스핀-스핀 갈라짐

유기화합물의 수소들은 NMR 스펙트럼에서 한 개의 피크인 **단일선**(singlet)으로 관찰될 수도 있지만 많은 경우 여러 개로 갈라진 피크를 보여준다. **스핀-스핀 갈라짐**(spin-spin splitting)이라고 하는 이 현상 때문에 어떤 수소에 대한 피크는 **이중선**(doublet), **삼중선**(triplet), **사중선**(quertet) 뿐만 아니라 더 많은 선으로 갈라질 수 있다. 스핀-스핀 갈라짐은 수소원자의 핵 스핀(자기장)이 인접한 다른 핵의 스핀(자기장)과 **짝지움**(coupling)이라고 하는 상호작용을 하기 때문에 일어난다. 수소 핵이 외부 자기장 속에 놓이면 외부 자기장 뿐만 아니라 인접한 수소가 만들어내는 미세한 자기장도 느끼게 된다. 측정하고 있는 어떤 수소 핵이 들뜬상태에 있을 때 인접한 탄소의 수소들은 바닥상태 또는 들뜬상태에 있으며 두 상태의 확률은 거의 비슷하다. 이 때 측정하고 있는 수소의 자기장은 인접한 수소들의 두 상태에서 발생하는 자기장의 간섭을 받게 된다. 이들 간섭 즉, 짝지움이 스핀-스핀 갈라짐으로 나타난다. 스핀-스핀 갈라짐은 화학적 이동값과 함께 유기화합물의 구조를 해석하는데 매우 중요한 실마리가 된다.

어떤 수소의 피크가 갈라지는 정도를 **다중도**(multiplicity)라고 한다. 한 개 이상의 화학적으로 동등한 수소의 피크는 인접한 탄소의 수소 수가 n 개면 n + 1 개의 피크로 갈라지고 피크의 면적 비는 파스칼의 삼각형으로 나타난다는 **n + 1 규칙**으로 다중도를 설명한다.

n = 0	1
n = 1	1 : 1
n = 2	1 : 2 : 1
n = 3	1 : 3 : 3 : 1
n = 4	1 : 4 : 6 : 4 : 1
⋮	⋮

파스칼의 삼각형

그림 5-9는 ethyl acetate의 ^{1}H NMR 스펙트럼이다. Ethyl acetate의 아세틸기의 CH_3는 인접한 탄소에 수소가 없기 때문에 단일선으로 나타난다.

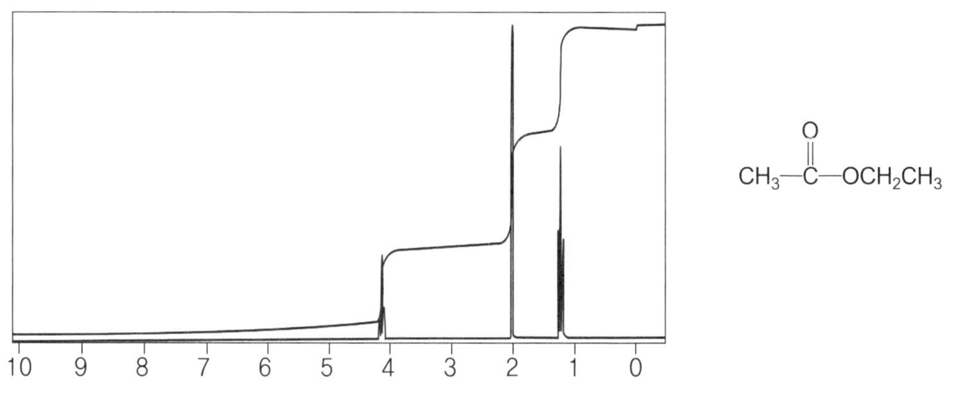

그림 5-9 ethyl acetate의 ^{1}H NMR 스펙트럼.

에틸기의 CH_3는 인접한 탄소에 두 개의 수소(CH_2)가 있기 때문에 2 + 1 = 3의 삼중선(1 : 2 : 1의 면적비)으로 갈라진다. 에틸기의 CH_2는 인접한 위치에 세 개의 수소(CH_3)가 있기 때문에 3 + 1 = 4의 사중선(1 : 3 : 3 : 1의 면적비)으로 갈라진다. n + 1 규칙과 피이크 면적 비는 **그림 5.10**과 같은 간단한 도표로 설명된다.

화학적 환경이 다른 두 수소인 H_a 및 H_b가 서로 인접해 있는 **구조 1**을 이용하면 이중선이 나타나는 원리를 간단하게 설명할 수 있다. 즉, 외부 자기장에 의해 H_a의 신호가 발생하는 동안 H_a는 α- 또는 β-스핀 상태로 존재할 수 있다. H_a가 두 스핀 상태로 존재하는 확률은 거의 같고 H_a자기장에 거의 같은 정도로 영향을 미치기 때문에 같은 면적 비의 이중선으로 갈라진다. H_b의 경우도 같은 상황이기 때문에 이중선으로 갈라진다.

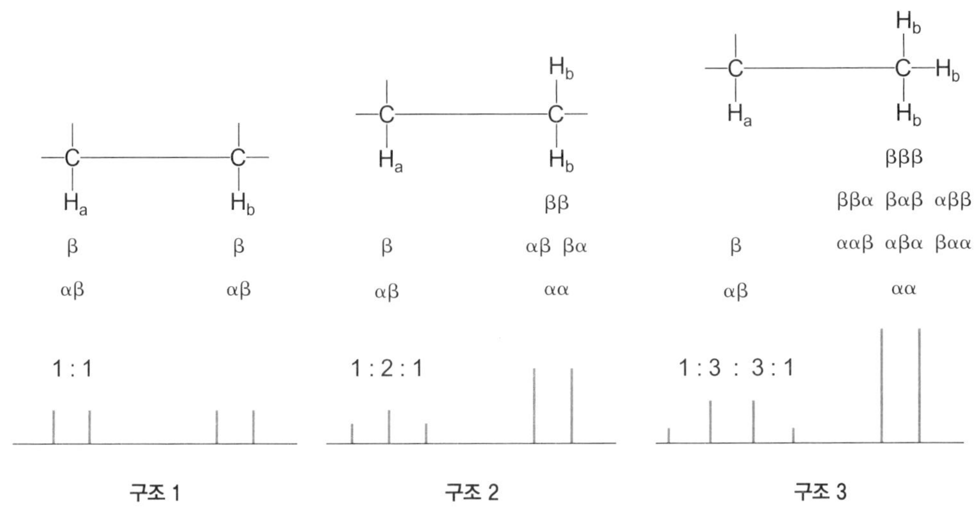

그림 5-10 스핀-스핀 갈라짐과 피크 면적 비를 설명하는 도표.

구조 2의 H_a 피크가 삼중선으로 관찰되는 원리는 다음과 같다. H_a의 신호가 발생하는 동안 인접한 두 개의 H_b는 세 가지 스핀 상태의 조합으로 존재한다. 즉, 두 수소가 모두 높은 에너지인 β 스핀 상태로 있는 경우, 두 수소가 모두 낮은 에너지인 α 스핀 상태로 있는 경우가 있다. 세 번째 조합에서는 하나는 β-스핀 상태, 다른 하나는 α 스핀 상태로 있는데 이 경우에는 두 가지가 있다. 따라서 H_a가 1 : 2 : 1의 경우의 수를 가지고 있는 H_b의 자기장과 상호작용하면 1 : 2 : 1의 면적비를 가지고 있는 삼중선으로 나타난다. H_b는 두 가지 경우가 가능한 H_a와 상호 작용하여 1 : 1의 면적 비를 가지고 있는 이중선으로 관찰된다.

구조 3에서 H_b의 스핀 조합에서 경우의 수는 1 : 3 : 3 : 1이므로 피크도 1 : 3 : 3 : 1의 면적비를 가지고 있는 사중선으로 관찰된다.

갈라진 피크들 사이의 거리는 **짝지움 상수**(coupling constant, ***J***)라고 하며 Hz의 단위로 나타낸다. 보통 유기화합물들에서 관찰되는 짝지움 상수 값은 0~20 Hz 정도이며 대표적 골격에서 관찰되는 짝지움 상수를 종합하면 표 **5-3**과 같다. 짝지움 상수값은 짝짓는 수소들 사이의 거리 또는 분자의 기하학적 형태 등에 따라 달라진다. 일반적으로 고리가 아닌 포화탄화수소에서 서로 인접한 수소들 사이에서 관찰되는 J 값은 7 Hz 정도이고 두 탄소 이상 떨어져 있는 수소들 사이의 *J* 값은 매우 작다. 서로 짝 짓는 두 양성자 무리는 동일한 *J* 값을 보여준다. 동등한 이웃 수소가 n 개인 수소는 n + 1 개 피크로 갈라지고 피크 사이의 *J* 값은 동일하다. 예로, CH_3CH_2기의 CH_3는 삼중선, CH_2는 사중선으로 갈라지는데 피크들 사이의 *J* 값은 7 Hz이다.

CH_3CH_2기의 전형적인 짝지움 형태와 상수값

J = 7 Hz

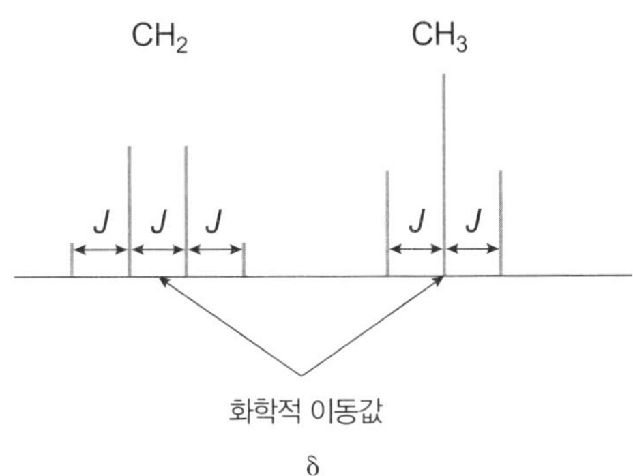

화학적으로 동등한 [1]H 수소들은 서로 짝지움을 하지 않는다. 예로, $ClCH_2CH_2Cl$ 분자의 네 수소들은 서로 짝지움을 하지 않기 때문에 동일한 화학적 이동값에서 단일선으로 나타난다. 짝지움 상수값은 *cis* 및 *trans* 이중결합과 벤젠고리의 치환 형태를 구별하는데 유용하게 사용된다.

간단한 화합물의 ^{1}H NMR 스펙트럼은 단순하기 때문에 쉽게 해석할 수 있지만 분자가 커지면 스펙트럼도 복잡해진다. 복잡한 스펙트럼에서는 수소들의 피크가 심각하게 겹쳐져 있으므로 n + 1 규칙 등을 적용해서 구조를 분석하는 작업이 매우 어려워진다. 이와 같은 경우에는 2차원 NMR 스펙트럼과 같은 고급 기법을 이용하여야 한다.

표 5-3 대표적인 짝지움 상수 값.

구조	*J*(Hz)	구조	*J*(Hz)
H–C–C–H	7	H(C=C)H (*trans*)	12~18
H–C–C–C–H	0–1	C=C(H)H	1~3
H(C=C)H (*cis*)	8–12	벤젠고리 H, H	*ortho*: 6~9 *meta*: 2~3 *para*: 0~1

7. ^{13}C NMR 분광법

^{1}H NMR 분광법에서는 유기분자의 수소에 대한 정보를 얻는 반면 ^{13}C NMR 분광법에서는 탄소골격에 관한 정보를 얻을 수 있다. 천연 탄소의 98.9%를 차지하고 있는 ^{12}C는 핵 스핀을 가지고 있지 않기 때문에 NMR 신호를 얻을 수 없다. ^{13}C NMR에서는 자연존재비가 1.1%에 지나지 않는 ^{13}C의 정보를 얻는다. 또 ^{13}C 핵의 스핀 젖힘은 수소보다 훨씬 낮은 에너지 전이이다. 이런 이유 때문에 분해능이 고도로 높은 분광계를 이용해야만 ^{13}C NMR 스펙트럼을 얻을 수 있다. 미약한 ^{13}C NMR 신호의 세기를 높이는 기법으로는 FT NMR 분광법이 이용된다. 이 기법의 FT NMR 분광계를 이용하면 몇 초 정도의 짧은 시간에 ^{1}H와 ^{13}C NMR 데이터를 얻을 수 있으며 컴퓨터에 반복해서 여러 번 저장할 수 있다. 반복 저장된 데이터의 강도를 증가시킨 후 fourier transformation이라고 하는 계산을 거치면 NMR 스펙트럼이 얻어진다.

^{13}C의 스펙트럼은 ^{1}H 스펙트럼보다 훨씬 단순한 모양을 보여준다. 분자내의 인접한 ^{13}C 핵들은 서로 짝지움할 수 있지만 ^{13}C핵들이 인접해 있을 확률은 매우 적다. 이 때문에 $^{13}C-^{13}C$ 짝지움에 의한 피크 갈라짐 현상이 관찰되지 않는다. 또 ^{13}C 스펙트럼에서 피크 면적은 탄소원자의 수에 비례하지 않으므로 적분하지 않는다.

^{13}C 스펙트럼에서도 TMS가 내부 표준물질로 사용되고 화학적 이동 값도 TMS로부터 낮은 장 쪽으로 기록된다. ^{13}C NMR에서 화학적 이동값은 ^{1}H NMR에서 관찰되는 이동값보다 훨씬 크다. ^{1}H NMR에서 대부분의 수소는 0~10 ppm의 영역에서 화학적 이동값을 보여주지만 ^{13}C-흡수는 0~200 ppm에서 관찰된다. 화학적 이동값의 범위가 크기 때문에 ^{1}H NMR에서와 같이 피크가 겹치는 현상이 훨씬 작다. ^{13}C NMR의 상대적인 화학적 이동값은 ^{1}H

표 5-4 탄소 유형에 따른 ^{13}C의 화학적 이동값.

^{13}C의 유형	화학적 이동값(δ), ppm	^{13}C의 유형	화학적 이동값(δ), ppm
$(CH_3)_4Si$	0	C—I	0~40
$-CH_3$	8~35	C—Br	20~60
$-CH_2-$	15~40	C—Cl	35~80
$-CH<$ (3차)	20~50	C—O	50~80
$>C<$ (4차)	30~40	C—N	35~50
$=C$	100~150	$-C\equiv N$	110~125
$\equiv C$	56~90	$-C(=O)-$	170~210
방향족 C	110~175		

NMR의 화학적 이동값과 같은 경향을 보여준다. 예로, TMS는 높은 장에서, 알데하이드 및 케톤의 카보닐 탄소는 매우 낮은 장에서 관찰된다. 탄소 유형에 따른 ^{13}C의 화학적 이동값을 종합하면 **표 5-4**와 같다.

^{13}C 스펙트럼에는 $^{13}C-^{1}H$ 스핀-스핀 짝지움을 보여주는 스펙트럼과 $^{13}C-^{1}H$ 스핀-스핀 짝지움을 보여주지 않는 **양성자-짝풀림 스펙트럼**(proton-decoupling spectrum)의 두 가지 기본적인 형태가 있다. 구조 분석을 할 때는 이들 두 가지 형태의 스펙트럼을 같이 이용하는 경우가 많다. 예로써 **그림 5-11**에 methyl vinyl ketone의 $^{13}C-^{1}H$ 스핀-스핀 짝지움 스펙트럼과 양성자-짝풀림 스펙트럼을 도시하였다. $^{13}C-^{1}H$ 스핀-스핀 짝지움 스펙트럼에서 탄소의 피크는 n + 1 규칙을 따라 갈라진다(n은 결합된 수소수). 오른쪽으로부터 각각 CH_3, $=CH_2$, $=CH$ 및 CO의 피이크가 사중선, 삼중선, 이중선 및 단일선으로 관찰된다. 양성자-짝풀림 스펙트럼에서는 CH_3, $=CH_2$, $=CH$ 및 CO가 오른쪽으로부터 각각 단일선으로 관찰된다.

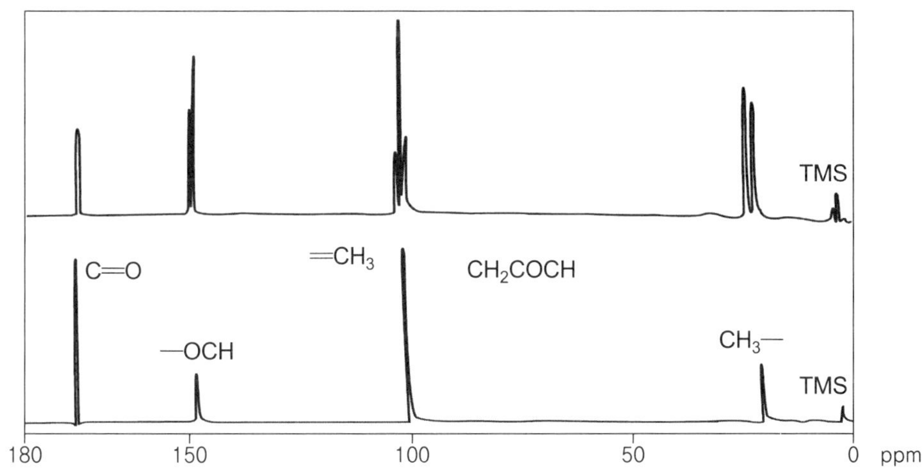

그림 5-11 Methyl vinyl ketone의 $^{13}C-^{1}H$ 스핀-스핀 짝지움 스펙트럼과 양성자-짝풀림 스펙트럼.

8. DEPT ^{13}C 스펙트럼

유기분자에는 1차, 2차, 3차, 4차 탄소가 있다. 이들을 구별해내는 가장 분명한 방법이 **DEPT**(Distortionless Enhancement by Polarization Transfer)실험이다. DEPT 실험에서는 다소 복잡한 일련의 펄스를 ^{13}C와 ^{1}H에 적용한다. 적용된 일련의 펄스의 영향으로 각 탄소에 결합되어 있는 ^{1}H 원자의 수에 따라 ^{13}C 피크들의 상이 다르게 나타난다. 이 상들의 차이를 검출하여 도시한 것이 **DEPT ^{13}C 스펙트럼**이다. 일반적으로 DEPT 스펙트럼은 보통의 양성자 짝풀림 스펙트럼, DEPT-135 및 DEPT-90 스펙트럼으로 이루어져 있다. **그림 5-12 A**는 *sec*-butylbenzene의 양성자 짝풀림 스펙트럼으로서 모든 탄소원자의 **^{13}C**이 모두 관찰된다. **그림 5-12 B**는 DEPT-135 스펙트럼이다. 이 스펙트럼에서는 수소가 결합되어 있지 않은 4차 탄소는 관찰되지 않는다. CH_3와 CH 탄소는 +피크로 나타나며 CH_2 탄소는 −피크로 나타난다. **그림 5-12** C는 DEPT-90 스펙트럼이다. 여기서는 CH만 +피크로 나타난다. 따라서 이들 세 가지 실험을 하면 모든 탄소원자의 종류를 모두 구별할 수 있다.

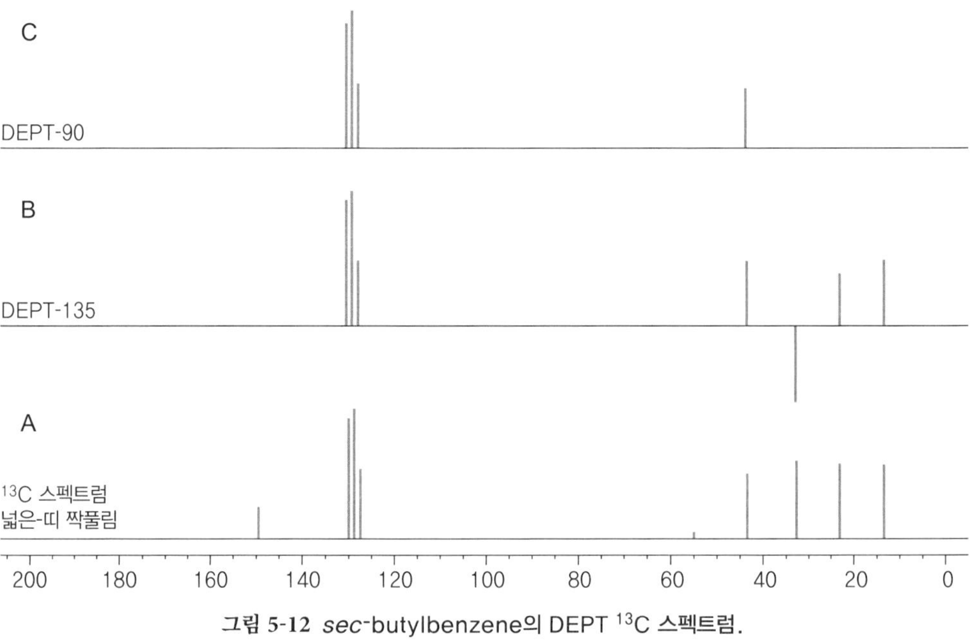

그림 5-12 *sec*-butylbenzene의 DEPT ^{13}C 스펙트럼.

9. 2차원 NMR 스펙트럼

여러 가지 2차원 NMR 기법을 이용하면 쉽게 분자를 구성하고 있는 원자들의 스핀-스핀 짝지움과 관련된 정보들을 수집하고 원자들의 연결 상태를 규명할 수 있다. 이들 기법으로부터 복잡한 유기화합물의 구조를 어렵지 않게 해석할 수 있다. 이차원 NMR 중 가장 기본적인 기법이 보통 **COSY 스펙트럼**이라고 부르는 **$^1H-^1H$ correlation spectroscopy**과 **HETCOR**라고 부르는 **$^{13}C-^1H$ heteronuclear correlation spectroscopy**이다. 이들 스펙트럼을 얻을 때는 복잡한 기계적 파라미터들을 이용해야 하지만 이 파라미터들과 2차원 NMR 이론적인 기초는 이 책의 범위를 벗어나기 때문에 2차원 NMR 스펙트럼을 읽는 요령만 간단하게 설명하겠다.

그림 5-13은 2-chloropropane의 COSY 스펙트럼이다. 스펙트럼에서 화합물의 ^1H NMR 스펙트럼이 수평축과 수직축에 도시되어 있으며 화학적 이동값이 표시되어 있다. COSY 스펙트럼에는 **대각선피크**(diagonal peak)와 **교차피크**(cross peak)의 두 종류의 피크가 있다. 스펙트럼의 오른쪽 위 모퉁이로부터 왼쪽 아래 모퉁이를 연결하는 대각선상에 있는 피크들을 대각선피크라고 하고, 그 밖의 피크들을 교차피크라고 부른다. 대각선피크로부터 수평선과 수직선을 연장하면 각 대각선피크들이 수평축과 수직축에 각각 해당하는 피크들이 있음을 쉽게 알 수 있다. 2-chloropropane의 스펙트럼에서 A로 표지된 1.5 ppm에 있는 피크로부터 왼쪽으로 수평선을 연장하면 4.2 ppm의 메신 수소에 해당하는 교차피크 C에 도달하게 된

다. 이 교차피크로부터 수직선을 내리면 메신 수소에 해당하는 대각선 피크 B를 만나게 된다. 메틸 수소와 메신 수소를 상관 짓는 교차피크 C의 존재로부터 기대했던 것처럼 메틸 수소와 메신 수소가 서로 짝짓고 있는 것을 확인할 수 있다.

1.5 ppm의 피크 A로부터 수직선을 긋고, 4.2 ppm에 있는 피크 B로부터 수평선을 오른쪽으로 그어도 마찬가지 결과를 얻게 된다. 두 선은 두 번째 대각선 피크인 D에서 만나게 된다. 이와 같은 분석 결과를 도시하면 **그림 5-13**과 같다.

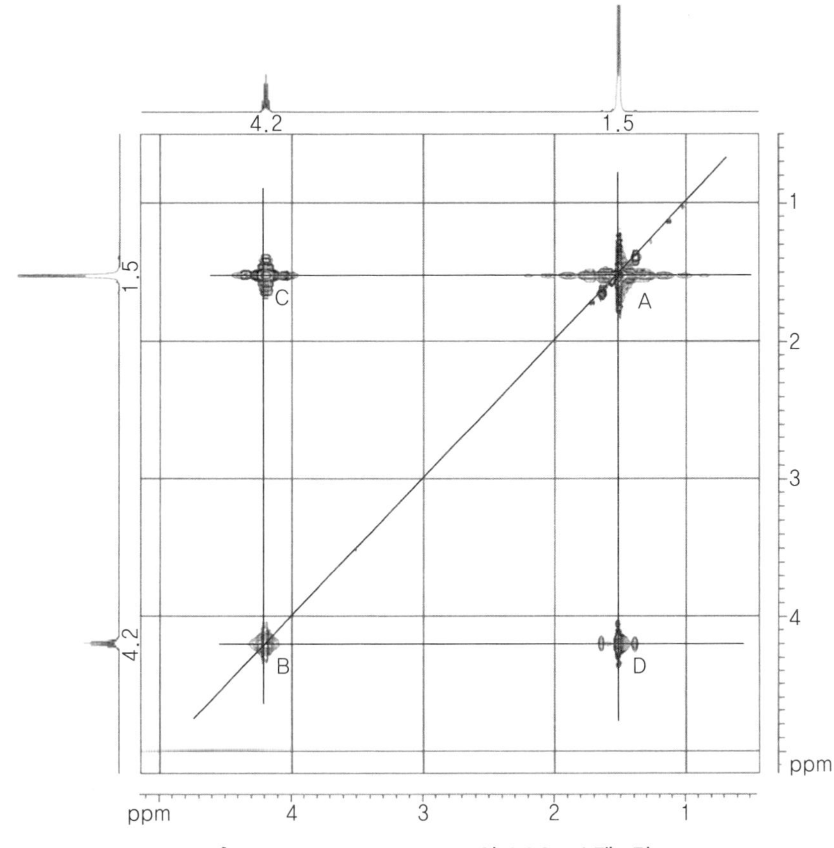

그림 5-13 2-chloropropane의 COSY 스펙트럼.

그림 5-14는 2-chloropropane의 HETCOR 스펙트럼이다. HETCOR 스펙트럼에서는 한 축에는 ^{1}H 스펙트럼이 다른 축에는 ^{13}C 스펙트럼이 도시된다. 2차원 스펙트럼에 있는 각 피크는 해당하는 수소가 결합되어 있는 탄소원자를 나타낸다. 그림 5-14에는 ^{13}C 스펙트럼의 28.5 ppm에서 메틸 탄소에 해당하는 피크와 53.7 ppm에서 메신 탄소에 해당하는 피크를 볼 수 있다. 수직축에서는 1.5 ppm에서 메틸 수소와 4.2 ppm에서 메신 수소를 볼 수 있다. ^{13}C 스펙트럼의 메틸 피크(28.5 ppm)로부터 수직선을 내리고 ^{1}H 스펙트럼의 메틸 피크(1.5 ppm)으로부터 오른쪽으로 수평선을 그으면 두 선은 2차원 스펙트럼의 피크 A에서 서로 만나게 된다. 이 교차피크는 각각의 해당하는 탄소와 수소가 서로 결합되어 있다는 것을 의미한다. 같은 방법으로 HETCOR의 왼쪽 아래에 있는 교차피크 B는 54.7 ppm에 있는 탄소와 4.2 ppm에 있는 칠중선의 수소가 서로 결합되어 있는 것을 나타낸다.

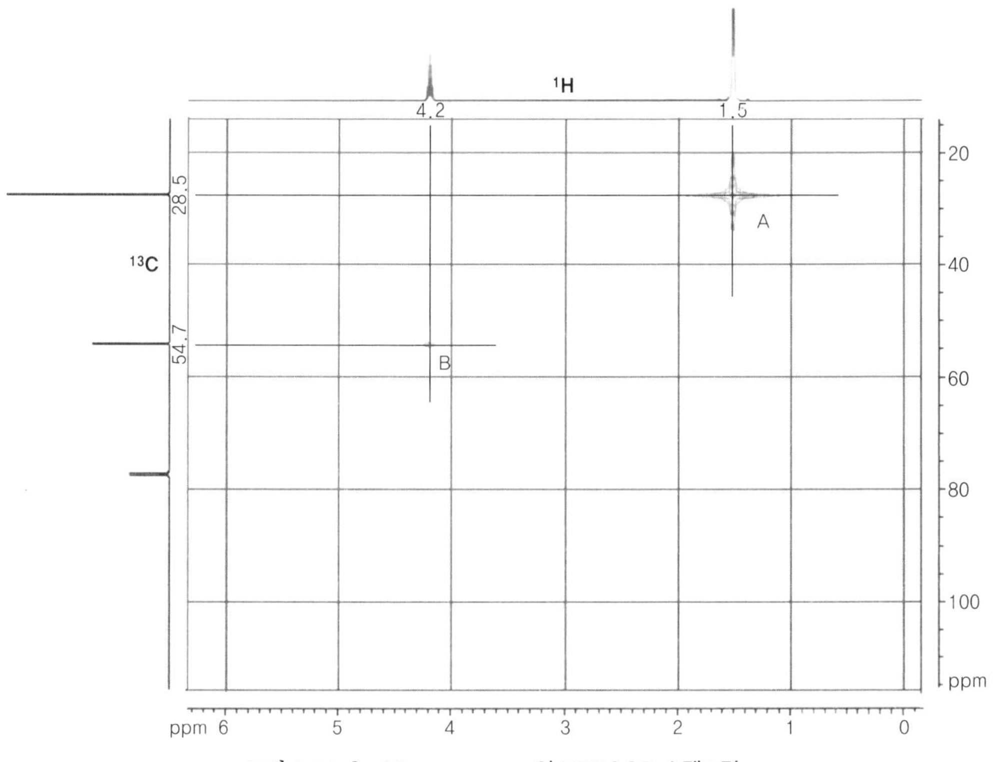

그림 5-14 2-chloropropane의 HETCOR 스펙트럼.

1970년대 NMR을 이용하여 몸이 여러 부위를 영상화 하면 효과적으로 질병을 진단할 수 있다는 사실이 인식되었다. 사람의 몸은 NMR 현상을 일으킬 수 있는 몇 가지 핵들을 포함하고 있다. 이들 중에서 물, 트리그리세라이드, 인지질을 구성하고 있는 중요한 원소인 수소는 가장 유용한 NMR 신호를 낼 수 있다. NMR 현상에서 이완시간이라고 부르는 특징적인 시간은 들뜬상태의 핵이 에너지를 버리고 바닥상태로 돌아가는데 필요한 시간이다. 1971년 암세포 속에 있는 물의 이완 속도는 정상세포의 물이 이완되는 속도보다 훨씬 느리다는 사실이 발견되었다. 만약 인체를 구성하고 있는 물의 이완 영상을 얻을 수 있다면 초기 단계에서 암을 진단할 수 있을 것이라는 생각을 하였다. 뒤 이은 연구들을 통해 이 방법이 실용화 되었으며 많은 암 조직들이 진단되었다.

"핵자기 공명"이라고 하는 용어는 사람들에게 마치 방사성 물질과 관련이 있는 것처럼 오해할 수 있기 때문에 의료에 종사하는 사람들이 이 기술을 **자기공명영상**(magnetic resonance imaging, **MRI**)이라고 불렀다.

MRI와 X선은 여러 가지 변에서 서로 상보적이다. 뼈의 딱딱한 바깥쪽 층은 MRI에는 보이지 않지만 X선 이미지에서는 매우 잘 보인다. 반면 부드러운 조직에서의 어떤 변화는 X선에는 거의 관찰되지 않지만 MRI에서는 잘 보인다.

MRI 촬영은 보통 30분 이내에 끝난다. 데이터는 신체의 각 부분을 여러 구간으로 나눈 평면 영상으로 얻어지거나 3차원 영상으로 얻어진다. 그림 5-15는 사람의 뇌종양 사진이다. 뇌의 중심부에 커다란 종양덩어리가 크게 관찰된다.

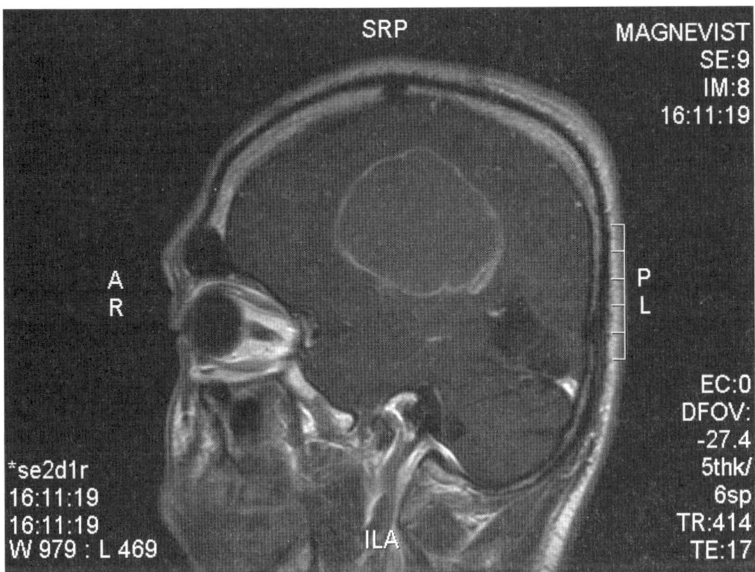

그림 5-15 사람의 뇌종양 사진.

NMR을 이용하면 오줌, 혈장, 뇌척수액, 눈의 점액과 같은 체액들을 몸 속에 그대로 둔 채 조사할 수 있다. NMR은 식품의 질을 평가하는데 이용되고 식물 종자의 발아 연구에 이용된다. 건축공학에서는 목재의 내부 수분의 농도와 분포를 평가하는데도 이용된다. 그밖에 NMR은 생물학과 의학의 헤아릴 수 없이 많은 연구에 이용되고 있다.

NMR 현상이 처음 발견되었을 때는 이것이 인류에게 어떤 영향을 미칠지 미처 몰랐지만 시간이 지날수록 인류 역사상 이보다 더 유익한 과학 기술은 없었다는 사실이 밝혀지고 있다. 앞으로 NMR은 어떤 가능성을 더 보여줄지 모를 정도로 놀라운 현상이다.

10. 자외선 및 가시광선 분광법

적외선보다 강한 에너지 영역이 자외선과 가시광선이다(**그림 5-1** 참고). 이들 영역의 에너지에는 보통 파장의 단위로서 **나노미터**(nanometer, 1 nm = 10^{-9} m)가 사용된다. 가시광선은 약 400 nm(보라)에서 800 nm(빨강)의 영역이고 자외선은 100~400 nm 영역에 해당된다. 유기화학에서 관심을 갖는 영역의 파장은 200~800 nm 정도이다.

분자가 적외선을 흡수하면 공유결합의 진동수가 증가하는 반면 자외선과 가시광선을 흡수하면 바닥상태에 있던 π-전자가 바로 위의 에너지 준위로 **전자들뜸**(electron transition)을 일으키게 된다. 흡수되는 가시광선 또는 자외선의 파장은 얼마나 전자들뜸이 쉽게 일어날 수 있는가에 따라 달라진다. 전자가 들뜨기 쉬운 분자일수록 더 긴 파장의 빛을 흡수한다. 이 때문에 자외선-가시광선 분광법을 이용하면 전자의 분포 또는 π-분자 궤도함수 등에 관한 정보들을 얻을 수 있다.

그림 5-16에 mesityl oxide의 자외선 스펙트럼을 도시하였다.

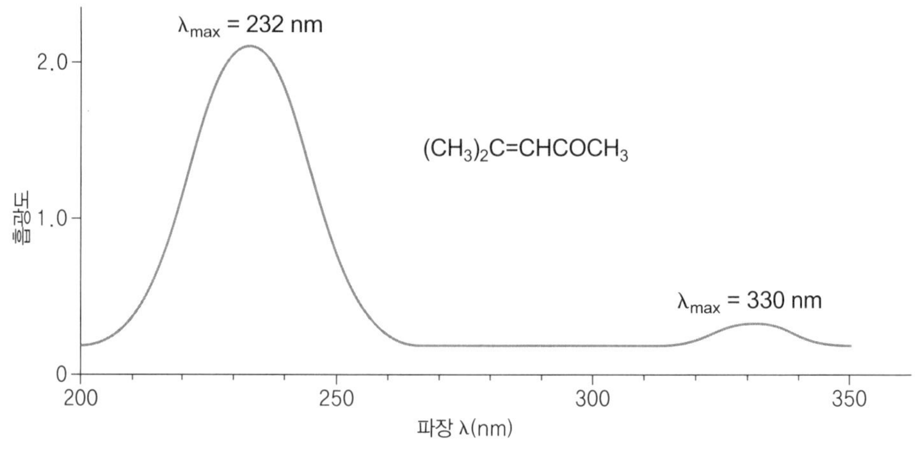

그림 5-16 Mesityl oxide($(CH_3)_2C = CHCOCH_3$)의 자외선 스펙트럼.

자외선-가시광선 스펙트럼의 피크는 폭이 넓고 수가 적다. 전자들뜸 에너지는 피크 꼭대기의 파장에 해당된다. 이것을 최대 흡수파장이라고 하고 λ_{max}로 나타낸다. Mesityl oxide의 π-전자가 들뜰 때 흡수하는 에너지는 $\lambda_{max} = 230$ nm 이다. λ_{max} 값은 **표 5-4**에 종합된 것처럼 π-분자 궤도함수의 컨쥬게이션 폭이 길어질수록 작아진다. 피크의 강도는 빛을 흡수하는 분자의 수와 구조에 따라 달라진다. 시료에 흡수된 빛의 강도를 **흡광도**라고 하며 다음과 같은 식으로 나타낸다.

$$A = \epsilon c l$$

이 식에서 ϵ는 **흡광계수**(extinction coefficient), c는 시료의 농도(mole/L) 그리고 l은 빛이 시료를 통과하는 길이를 나타낸다. 흡광계수는 빛을 흡수하는 분자의 구조에 따라 달라지는 상수이다.

표 5-4 전자들뜸에 미치는 컨쥬게이션 효과.

화합물	λ_{max}(nm)	ε
Ethylene $CH_2=CH_2$	175	15,000
1,3-butadiene $CH_2=CHCH=CH_2$	217	21,000
1,3,5-hexatriene $CH_2=CHCH=CHCH=CH_2$	258	35,000
β-carotene (11 double bond)	465	125,000

11. 질량분석법

앞에서는 분자가 흡수한 전자기 복사선의 에너지를 분석하는 분광법들을 소개하였다. **질량분석법**(mass spectroscopy)은 이들과 다른 원리를 이용한다. 질량분석법에서는 분자에 강한 에너지의 전자를 조사했을 때 일어나는 변화들을 분석한다. 분자에 70 eV(1610 kcal/mol)정도의 강한 에너지를 가지고 있는 전자를 쪼여주면 분자의 전자 하나가 방출되면서 **분자이온** 또는 **어미이온**(molecular ion, $M^{+\cdot}$)이 생성된다. 이것은 짝짓지 않은 전자와 양이온을 가지고 있기 때문에 **라디칼 양이온**(radical cation)이라고 부른다

$$A{:}B \quad + \quad e^- \longrightarrow A^{+\cdot}B \quad + \quad e^-$$

분자이온(어미이온)

분자이온들 중의 일부는 전기적으로 중성인 토막으로 분해된다.

$$A^{+\cdot}B \longrightarrow A^+ \quad + \quad B\cdot$$

양이온 라디칼 양이온 라디칼

분자이온과 양이온 토막들은 질량 대 전하의 비(m/z)로 분리되어 검출되며, 이들의 분포를 나타낸 것이 질량스펙트럼(mass spectrum)이다. 전하는 항상 1이므로 분자이온의 m/z는 그 분자의 질량 값과 같다. 또 분자 구조에 따라 특징적인 토막나기 양상을 보여주기 때문에 질량스펙트럼은 구조를 분석하는데 유용하게 이용된다.

질량스펙트럼에서는 이온들의 상대적인 강도를 막대그래프로 보여주고 있다. 가장 강한 피크를 **주피크**(base peak)라고 하고 이것의 상대 강도를 100으로 한다. 그림 5-17에 *o*-xylene의 질량스펙트럼을 도시하였다.

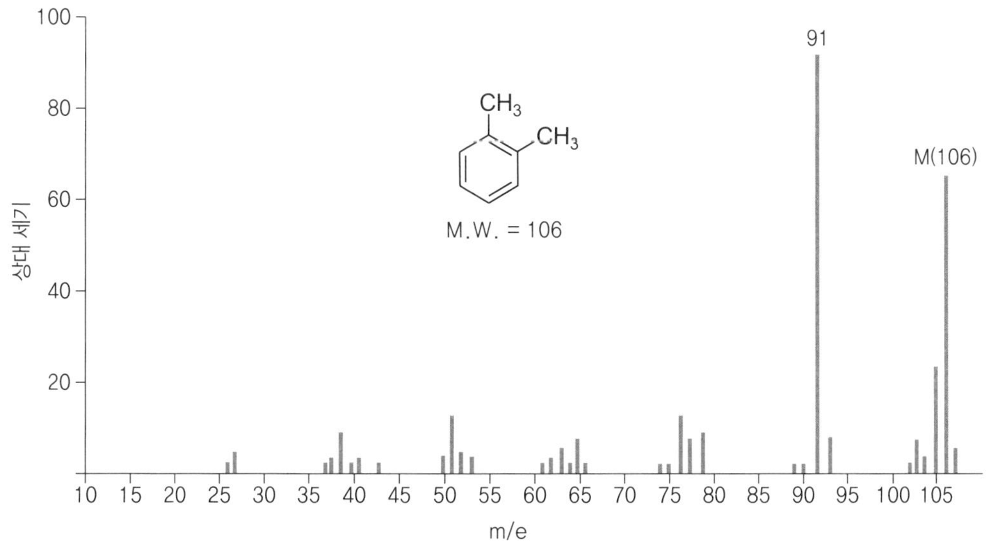

그림 5-17 *o*-xylene의 질량스펙트럼.

이 스펙트럼에서 주피크는 m/z = 91인데, 이것은 다음과 같은 토막나기 반응에서 생성된 $C_7H_7^+$에 해당된다.

$$o\text{-}C_6H_4(CH_3)_2 \xrightarrow{e^-} [o\text{-}C_6H_4(CH_3)_2]^{+\cdot} \longrightarrow C_6H_5CH_2^+ + CH_3^\cdot$$

m/z = 106 m/z = 91

$M^{+\cdot}$이 106인 *o*-xylene의 질량스펙트럼에서 관찰되는 m/z = 107처럼 종종 분자량 보다 1 또는 2가 큰 피크가 관찰된다. 이것은 ^{13}C 동위원소 때문에 나타나는 것이다. 탄소원자는 98.9%의 ^{12}C와 1.1%의 ^{13}C가 있기 때문에 $[M + 1]^{+\cdot}$에서 피크가 관찰된다. 분자이온 $M^{+\cdot}$에 대한 $[M + 1]^+$의 강도는 1.1에 탄소의 수를 곱한 것과 같다. 다른 예로는 Br에는 ^{79}Br과 ^{81}Br의 두 동위원소가 각각 50%의 비로 존재하기 때문에 브로민 원자 한 개를 가지고 있는 분자의 질량스펙트럼에서는 M/M + 2가 1:1의 비로 관찰된다. 예로써 bromoethane의 질량스펙트럼을 **그림 5-18**에 도시하였다.

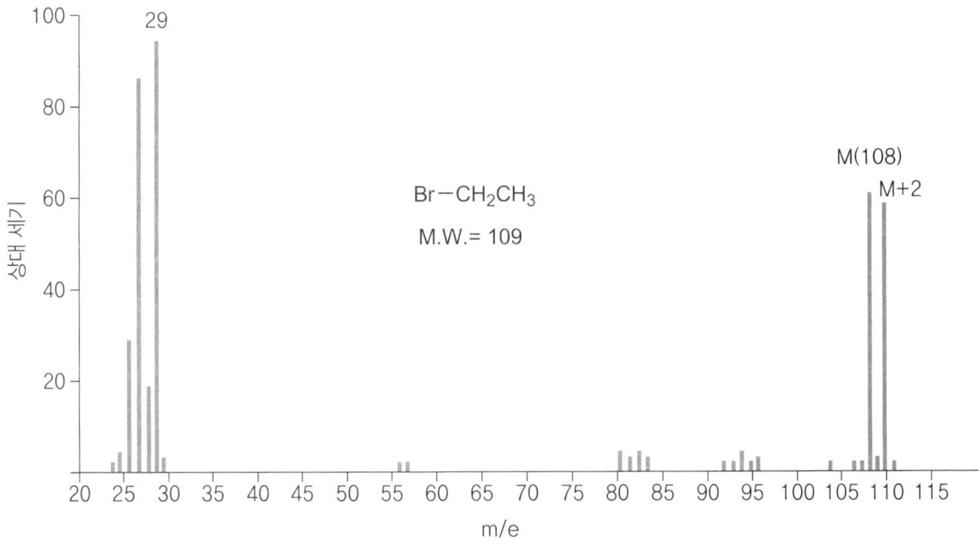

그림 5-18 Bromoethane의 질량스펙트럼.

최근에 개발된 보조 레이저 탈착 이온화법(matrix assisted laser desorption ionization, MALDI)과 전자분무형 이온화법(electrospray ionization, ESI)을 이용하면 단백질과 같은 거대 분자들이나 지나치게 극성이 커서 기체상태의 이온으로 전환하기 어려운 화합물들의 질량을 측정할 수 있다. MALDI와 ESI는 DNA와 약물의 상호작용 등 여러 가지 생명공학과 관련된 첨단연구에 매우 유용하게 이용되고 있다.

LABORATORY EXPERIMENTS FOR
ORGANIC CHEMISTRY

제2부

유기화학 이론 및 실습

유기화학 교과서에 나오는 유기화학 기본 반응에 따른 실험을 소개하여 유기화학에서 배운 이론을 실험으로 검증할 수 있도록 구성하였다. 다양한 유기 작용기들을 이해하고 이들을 변환을 통한 유기 화합물 합성 능력을 기를 수 있도록 다양한 실험들을 소개하였다.

LABORATORY EXPERIMENTS FOR
ORGANIC CHEMISTRY

LABORATORY EXPERIMENTS FOR **ORGANIC CHEMISTRY**

1 알켄과 알카인

1. 알켄의 구조

탄소-탄소 이중결합을 포함하고 있는 탄화수소를 **알켄**(alkene)이라고 한다.

일반적으로 알켄은 아래의 그림과 같이 하나의 시그마(σ) 결합과 하나의 파이(π) 결합으로 이루어져 있다. 이중결합은 탄소-탄소 간에 π 결합 때문에 자유롭게 회전할 수 없다.

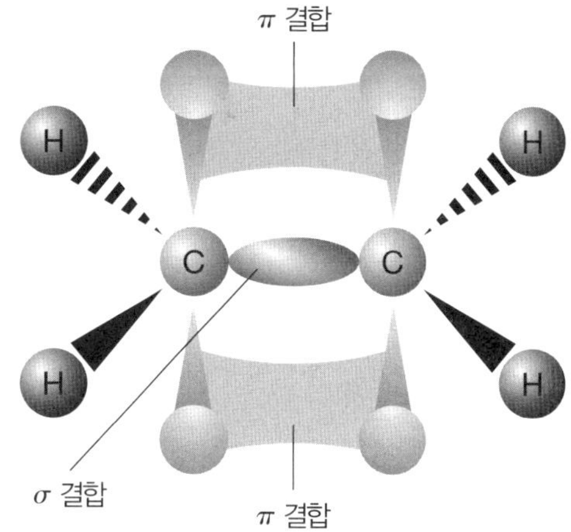

탄소-탄소 이중결합을 축으로 회전할 수 없기 때문에 알켄에는 ***시스-트랜스 이성질체***(*cis-trans* isomer)가 존재한다. 2-butene을 예로 들면 두 sp^2 탄소에 결합되어 있는 수소들이 이중결합의 같은 편에 있는 이성질체는 *cis*-2-butene이고 이중결합의 반대편에 있는 것은 *trans*-2-butene이다.

$H_3C(H)C=C(H)CH_3$ (cis)

cis-2-butene
끓는점 3.7°C

$H_3C(H)C=C(H)CH_3$ (trans)

trans-2-butene
끓는점 0.9°C

두 이성질체는 끓는점과 같은 물리적인 성질이 다른 별개의 화합물들이다.

2. 반응성

화학 반응은 대부분 양전하와 음전하 사이의 정전기적 상호작용을 통해 일어난다. 전자가 풍부한 원자 또는 분자들과 전자가 부족한 원자 또는 분자들은 서로 끌어당긴다.

전자가 부족한 이온이나 분자를 **친전자체**(electrophile)라고 한다. 친전자체는 한 쌍의 전자를 더 수용할 수 있거나 또는 팔 전자계를 이루려면 전자 하나가 더 필요한 홀 전자를 가지고 있다. 친전자체는 "전자를 사랑하는"이라는 의미를 가지고 있다(*-phile*은 그리스어로 '사랑하는'이라는 접미사이다). 다음은 친전자체들이다.

H^+ $(CH_3)_3C^+$ BF_3 $:\ddot{Cl}\cdot$ $R\ddot{O}\cdot$

한 쌍의 전자를 수용할 수 있는 친전자체 / 한 개의 전자를 필요로 하는 친전자체

전자가 풍부한 이온 또는 분자는 **친핵체**(nucleophile)로 작용한다. 친핵체는 쉽게 줄 수 있는 전자쌍을 가지고 있다. 친핵체들은 전기적으로 중성일 수도 있고 음전하를 가지고 있을 수도 있다. 친핵체는 전자를 주고 친전자체는 전자를 받기 때문에 서로 끌어당겨서 반응한다. 다음은 친핵체로 작용한다.

$R\ddot{O}:^-$ $:\ddot{I}:^-$ $CH_3\ddot{N}H_2$ $H_2\ddot{O}$

나누어 줄 수 있는 전자쌍을 가지고 있는 친핵체들

알켄의 π 결합은 σ 결합 위아래의 전자구름으로 이루어져 있고 π 전자들은 핵에 느슨하게 잡혀 있다. 핵에 느슨하게 잡혀 있는 이 π 구름 때문에 이중결합은 전자가 풍부한 친핵체로 작용한다. 그 결과로 알켄의 주된 화학적 반응은 친전자성 첨가 반응이다.

친핵체 알켄과 친전자체인 브로민화 수소 사이의 반응을 예로 들면 다음과 같다. 브로민화 수소와 같은 친전자체가 알켄에 가해지면 알켄은 브로민화 수소의 부분 양전하를 가지고 있는 수소와 반응하여 **탄소 양이온**(carbocation)라고 하는 반응 중간체를 형성한다.

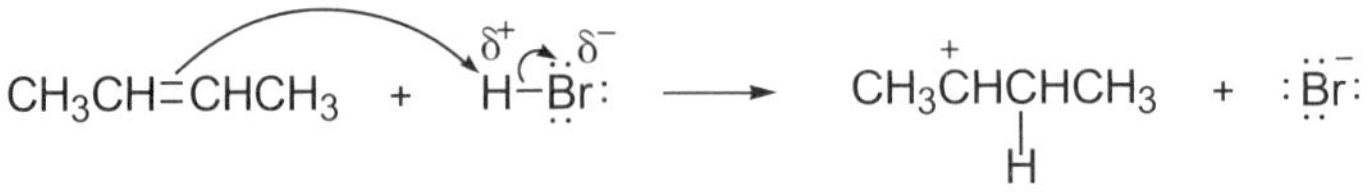

$$CH_3CH{=}CHCH_3 + \overset{\delta^+}{H}{-}\overset{\delta^-}{\ddot{Br}}: \longrightarrow CH_3\overset{+}{C}HCH(H)CH_3 + :\ddot{Br}:^-$$

2-Butene (친핵체) / 브로민화 수소 (친전자체) / 탄소 양이온 중간체

반응의 두 번째 단계에서 브로민 음이온(친핵체)에 있던 한 쌍의 비공유 전자는 탄소 양이온(친전자체)의 양으로 하전된 탄소와 한 개의 새로운 결합을 형성한다. 반응의 두 단계는 모두 친전자체와 친핵체 사이의 반응을 포함하고 있다.

$$CH_3\overset{+}{C}HCHCH_3 \text{ (H on C3)} + :\ddot{Br}:^- \longrightarrow CH_3CHCHCH_3 \text{ (Br on C2, H on C3)}$$

친전자체 친핵체 2-Bromobutene

친전자체가 친핵체와 반응한다고 하는 지식만으로도 2-butene과 HBr의 반응 생성물이 2-bromobutane이라고 하는 것을 예측할 수 있다. 전체 반응을 통해 1 몰의 알켄에 1 몰의 HBr이 첨가된다. 특히 반응의 첫 번째 단계에서 알켄에 친핵체(H^+)가 첨가되기 때문에 이와 같은 형태의 변화를 **친전자성 첨가 반응**(electrophilic addition reaction)이라고 한다.

3. 알켄의 제법

실험실에서 알켄을 합성하는 방법으로는 할로알케인의 제거 반응과 알코올의 탈수 반응이 이용된다.

할로알케인의 제거 반응을 이용하여 알켄을 만들 때는 할로알케인을 강염기로 처리한다. Bromocyclohexane을 ethanol 속에서 $CH_3CH_2O^-Na^+$로 처리하면 cyclohexene이 얻어진다.

$$\text{Bromocyclohexane} \xrightarrow[CH_3CH_2OH]{CH_3CH_2O^-Na^+} \text{Cyclohexene} + KBr + H_2O$$

Bromocyclohexane Cyclohexene

Cyclohexanol을 황산과 같은 산 촉매로 처리하면 탈수 반응이 일어나 알켄이 생성된다.

$$\text{Cyclohexanol} \xrightarrow[\text{benzene, 50°C}]{H_2SO_4,\ H_2O} \text{Cyclohexene}$$

Cyclohexanol Cyclohexene

비대칭 할로알케인의 제거 반응이나 알코올의 탈수 반응에서는 치환이 더 많은 알켄이 더 안정하기 때문에 더 많이 생성된다. 이러한 규칙을 Zaitsev의 규칙이라고 한다.

2-Bromo-2-methylbutane나 2-methyl-2-butanol의 제거 반응에서는 2-methyl-2-butene (알킬 치환 셋)이 2-methyl-1-butene (알킬 치환 둘)보다 더 많이 생성된다.

$$CH_3CH_2C(Br)(CH_3)CH_3 \xrightarrow[CH_3CH_2OH]{CH_3CH_2O^-Na^+} CH_3CH{=}C(CH_3){-}CH_3 + CH_3CH_2C(CH_3){=}CH_2$$

2-Bromo-2-methylbutane → 2-Methyl-2-butene 주생성물 + 2-Methyl-1-butene 부생성물

$$CH_3CH_2C(OH)(CH_3)CH_3 \xrightarrow[CH_3CH_2OH]{H_2SO_4} CH_3CH{=}C(CH_3){-}CH_3 + CH_3CH_2C(CH_3){=}CH_2$$

2-Methyl-2-butanol → 주생성 물 + 부생성물

» 결과보고서 작성

실험의 결과 보고서는 실험하는 동안 관찰된 현상 및 얻어진 결과와 관련된 이론 등을 기술하는 것이다. 개인별은 물론이고 조별로 실험을 하는 경우에도 측정한 결과와 관찰하는 내용이 실험 하는 사람에 따라 차이가 있을 수 있으므로 결과 보고서는 각자가 작성하여야 한다. 결과보고서는 상세하게 작성되어야 하며 다른 사람이 결과보고서를 보면 똑같은 방법으로 실험을 재현해 낼 수 있어야 한다.

결과 보고서에는 1. 날짜와 시간, 2. 실험 제목, 3. 실험 목적, 4. 준비물 (실험기구 및 시약) 5. 실험과 관련된 반응 메카니즘 등의 이론, 6. 실험 방법, 7. 관찰 사항, 8. 결과, 9. 고찰, 10. 참고 문헌 등이 자세하게 서술되어야 한다.

실험 1.1 3-Pentanol의 탈수반응

$$CH_3CH_2CH(OH)CH_2CH_3 \xrightarrow{conc\text{-}H_2SO_4} CH_3CH{=}CHCH_2CH_3$$

3-Pentanol → 2-Pentene

1. 기름중탕, 자석젓개와 단순 증류장치가 장치된 100 mL 둥근바닥 플라스크에 3-Pentanol 20.0 mL (16.3 g, 18.5 mmol)과 진한 황산 1 mL을 넣는다.
2. 냉각관을 얼음물로 냉각하면서 SO_2의 달걀 썩는 냄새가 날 때까지 열을 가해 증류한다.
3. 증류액을 5% Na_2CO_3 5 mL을 가하고 씻어준다. 유기층을 분리한 다음 무수 황산마그네슘으로 습기를 제거한 다음 거른다.
4. 거른 용액을 50 mL 둥근바닥 플라스크에 옮기고 다시 증류하면 37°C 부근에서 *cis*-3-pentene과 *trans*-3-pentene의 혼합물이 얻어진다.
5. 수득률을 계산하고 IR과 NMR을 이용하여 구조를 확인한다.

결과보고서

LABORATORY EXPERIMENTS FOR ORGANIC CHEMISTRY

_____년 ___월 ___일 학번______________ 이름______________

1. 실험 제목

2. 실험 목적

3. 준비물

4. 실험 원리

5. 실험 방법

6. 관찰 사항

7. 결과 정리

8. 결론 및 고찰

실험 1.2 Cyclohexene의 브로민화 반응

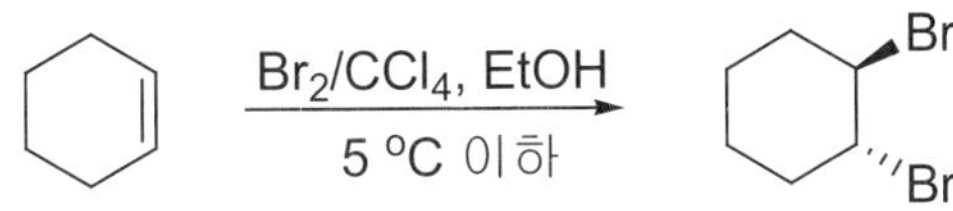

Cyclohexene *trans*-1,2-Dibromocyclohexane

1. 적하깔때기, 자석젓개 및 온도계가 장치된 100 mL 삼구둥근바닥 플라스크에 20 mL의 CCl_4, 1 mL 에탄올과 cyclohexene 3.0 mL (2.46 g, 30.0 mmol)을 넣은 다음 얼음중탕을 이용하여 반응 혼합물의 온도를 5°C 이하로 낮춘다.
2. 10 mL의 CCl_4와 1.6 mL Br_2 (4.96 g, 31 mmol)를 적하깔때기에 넣고 마개를 닫은 다음 5°C 이하에서 한 방울씩 천천히 플라스크에 가한다. 용액을 가할 때마다 Br_2의 붉은색이 즉시 사라진다.
3. 10 분간 더 저어준 다음 플라스크를 기름중탕으로 옮기고 증류장치를 장치한다.
4. 증류하면 96°C 부근에서 순수한 *trans*-1,2-dibromocyclohexane이 얻어진다.
5. 수득률을 계산한다.

LABORATORY EXPERIMENTS FOR
ORGANIC CHEMISTRY

결과보고서

LABORATORY EXPERIMENTS FOR
ORGANIC CHEMISTRY

_____년 ___월 ___일 학번_____________ 이름_____________

1. 실험 제목

2. 실험 목적

3. 준비물

4. 실험 원리

5. 실험 방법

6. 관찰 사항

7. 결과 정리

8. 결론 및 고찰

4. 알카인의 구조

탄소-탄소 삼중결합을 포함하고 있는 탄화수소를 **알카인**(alkyne)이라고 한다. 일반적으로 알카인은 아래의 그림과 같이 하나의 시그마(σ) 결합과 두 개의 파이(π) 결합으로 이루어져 있다.

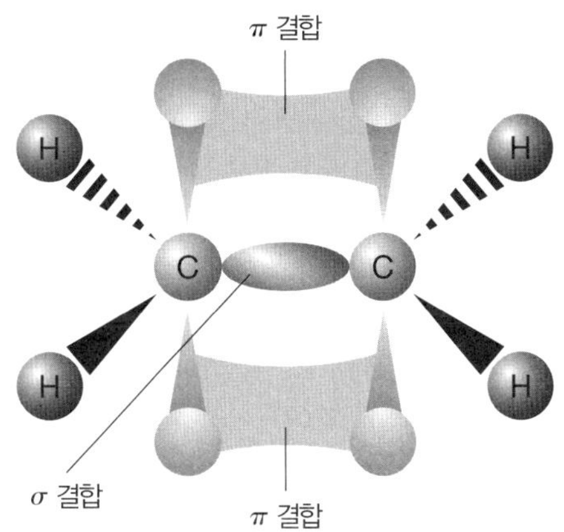

삼중결합에 있는 두 개의 π 결합 때문에 알카인의 반응성은 알켄의 그것과 매우 유사하며 친전자체의 공격을 쉽게 받는다. 사슬의 말단에 위치한 삼중 결합의 수소는 강염기에 의해 쉽게 제거되고 이 때 생성되는 음이온은 유기 화합물의 합성에 폭 넓게 이용될 수 있다.

5. 알카인의 성질

알카인의 삼중 결합 탄소는 *sp* 혼성이기 때문에 삼중결합 주위의 기하구조는 선형이다. 알카인은 알켄이나 알케인과 비슷한 극성을 가지고 있기 때문에 끓는점도 비슷하다. Ethyne은 대기압 하에서는 끓지 않고 −84°C에서 고체 상태로부터 바로 승화된다. 탄소 수 네 개 이상의 작은 알카인들은 기체인 반면 중간 크기의 알카인들은 액체들이다.

알카인의 삼중 결합은 작은 공간에 두 개의 π 결합이 밀집되어 있고 π 전자들 사이의 반발이 상당히 크다. 이 때문에 π 결합은 비교적 약하고 분자의 에너지 상태가 높다. 따라서 알카인은 화학 반응들에 대한 반응성이 높으며 많은 경우 상당한 열을 발생하면서 격렬하게 반응한다. **알카인은 알켄과 유사하게 친전자성 치환 반응을 주로 하게 된다.**

6. 알카인의 제법

염기 촉매 존재 하에서 일어나는 할로알케인 제거 반응을 이용하여 알켄을 제조하는 것처럼 적당한 염기를 사용하여 **이할로 알케인**(dihaloalkane)을 이중 제거 반응시키면 알카인이 얻어진다.

1,2-Dibromopentane을 액체 암모니아 속에서 $NaNH_2$로 처리하면 이중 제거 반응이 일

어난다. 용매를 제거하고 물로 처리하면 1-pentyne이 얻어진다.

$$CH_3CH_2CH_2CH(Br)CH_2Br \xrightarrow[2.\ H_2O]{1.\ 2\ NaNH_2/NH_3} CH_3CH_2CH_2C{\equiv}CH$$

1,2-Dibromopentane　　　　1-Pentyne

2 할로알케인

할로알케인(haloalkane)은 두 가지 중요한 반응을 한다. 하나는 할로젠 원자가 다른 원자 또는 원자단으로 치환되는 **치환 반응**(substitution reaction)이고 다른 하나는 할로젠 원자가 인접한 탄소에 결합된 수소와 함께 제거되는 **제거 반응**(elimination reaction)이다.

$$RCH_2CH_2Y + X^- \xleftarrow[\text{치환 반응}]{Y^-} RCH_2CH_2X \xrightarrow[\text{제거 반응}]{Y^-} RCH{=}CH_2 + YH + X^-$$

이 두 형태의 반응을 이용하면 할로알케인으로부터 매우 다양한 구조를 가지고 있는 유기 화합물들을 얻을 수 있다.

1. 할로알케인의 제법

빛에너지($h\nu$)를 가하면서 methane을 염소(Cl_2)로 처리하면 **할로젠화 반응**(halogenation reaction)이 일어나 chloromethane이 얻어진다.

$$CH_4 + Cl_2 \xrightarrow{h\nu} CH_3Cl + HCl$$

알케인에서 진행되는 할로젠화 반응은 **개시**(initiation), **전파**(propagation) 및 **종결**(termination)의 세 단계로 진행된다.

$$:\ddot{Cl}:\ddot{Cl}: \xrightarrow{h\nu} 2\,:\ddot{Cl}\cdot \qquad \text{개시 단계}$$

전파 단계

$$:\ddot{Cl}\cdot + H{-}CH_3 \longrightarrow H\ddot{Cl}: + CH_3\cdot$$

$$CH_3\cdot + :\ddot{Cl}:\ddot{Cl}: \longrightarrow CH_3Cl + :\ddot{Cl}\cdot$$

Chloromethane

종결 단계

$$CH_3\cdot + \cdot CH_3 \longrightarrow H_3C{-}CH_3$$

$$:\ddot{Cl}\cdot + \cdot CH_3 \longrightarrow H_3C{-}Cl$$

$$:\ddot{Cl}\cdot + \cdot\ddot{Cl}: \longrightarrow Cl{-}Cl$$

알칸의 할로젠화 반응은 일할로젠화에서 끝나지 않고 계속 반응하여 이할로젠화, 삼할로젠화 및 사할로젠화가 일어나기 때문에 복잡한 혼합물이 얻어진다.

알코올을 할로젠화 수소 HX(X = Cl, Br 또는 I)로 처리하면 할로알케인 RX가 얻어질 수 있다.

$$CH_3CH_2CH_2CH_2OH \xrightarrow[\text{가열}]{HBr\text{-}H_2SO_4} CH_3CH_2CH_2CH_2Br$$

1-Butanol 1-Bromobutane

2. 유기금속 화합물-Grignard 시약

탄소 원자가 금속 원자에 공유 결합을 통해 결합되어 있는 부류의 화합물들을 **유기금속 화합물**(organometallic compound)이라고 한다. **Grignard 시약**(Grignard reagent)이라고 불리는 화합물들은 에테르 용매 속에서 금속 마그네슘과 유기할로젠 화합물의 반응으로부터 쉽게 만들어진다.

$$\text{R-X} \xrightarrow[\text{diethyl ether}]{\text{Mg}} \text{R-Mg-X}$$

R: 1차, 2차 또는 3차 alkyl 또는 aryl
X = Cl, Br 또는 I

할로알케인을 Grignard 시약으로 전환시키면 $C^{\delta+}-X^{\delta-}$ 결합의 극성이 $C^{\delta-}-Mg^{\delta+}X$로 변한다. 이와 같이 탄소의 극성이 $\delta+$에서 $\delta-$로 변하는 것을 **극성 반전**(reversal polarity)이라고 하며 이 때문에 유기 부분은 매우 강한 친핵체로서의 반응성을 보여주며 여러 종류의 친전자체와 반응한다.

δ^+MgX
δ^-C
친핵성 탄소

실험 2.1 1-Hexanol의 아이오딘화 반응

$$CH_3CH_2CH_2CH_2CH_2CH_2OH \xrightarrow[\text{reflux}]{I_2,\ \text{red phosphorus}} CH_3CH_2CH_2CH_2CH_2CH_2I$$

1-Hexanol　　　　1-Iodohexane

1. 100 mL 이구둥근바닥 플라스크에 Thielepape 추출기 및 냉각기를 그림과 같이 장치한 다음 Thielepape 추출기에는 I_2 25.4 g (100.0 mmol)을 넣고, 플라스크에는 1-hexanol 25.0 mL (20.4 g, 200 mmol)과 적인 16.8 g (66.0 mmol)을 넣는다.
2. 기름중탕을 이용하여 환류하면 Thielepape 추출기의 I_2가 녹는다.
3. 추출기의 꼭지를 이용하여 아이오딘 용액의 흐름을 제어하면서 반응 속도를 조절한다.
4. I_2 가 모두 녹으면 30분 정도 더 저어준다.
5. 반응이 끝나면 혼합물을 실온으로 식힌다.
6. 반응 혼합물을 분액 깔때기로 옮기고 디에틸 에터 50 mL을 가한 다음100 mL씩의 물로 두 번 씻어준다.
7. 유기층을 분리한 다음 무수 황산마그네슘으로 습기를 제거하고 회전식 증발기를 사용하여 용매를 제거한다.
8. 분별 증류하면 180°C 부근에서 생성물이 얻어진다.
9. 수득률을 계산하고 IR 및 NMR을 이용하여 구조를 확인한다.

LABORATORY EXPERIMENTS FOR
ORGANIC CHEMISTRY

결과보고서

LABORATORY EXPERIMENTS FOR
ORGANIC CHEMISTRY

____년 ___월 ___일 학번__________ 이름__________

1. 실험 제목

2. 실험 목적

3. 준비물

4. 실험 원리

5. 실험 방법

6. 관찰 사항

7. 결과 정리

8. 결론 및 고찰

3. 친핵성 치환 반응

할로젠 원자는 전기음성도가 탄소원자보다 크기 때문에 할로알케인의 할로젠화된 탄소원자는 부분 양전하를 가지고 있다. 이 탄소 원자는 음이온이나 비공유 전자를 가지고 있는 화학종의 공격을 쉽게 받는다. 결과로서 일어나는 반응을 **친핵성 치환 반응**(nucleophilic substitution)이라고 한다. 예로서, bromomethane과 하이드록시 이온이 친핵성 치환 반응을 일으키면 methanol과 브로민 이온이 생성된다.

$$HO^- + \overset{\delta+}{CH_3}\text{-}\overset{\delta-}{Br} \longrightarrow CH_3OH + Br^-$$

친핵체 Bromomethane 기질 Methanol 이탈기

친핵체인 하이드록시 이온의 공격을 받는 bromomethane을 **기질**(substrate)이라 부르고 치환되는 브로민 이온을 **이탈기**(leaving group)라고 한다. 친핵성 치환 반응에서는 공유 결합 한 개가 분해되고 새로운 공유 결합 한 개가 형성된다. 친핵체는 새로 형성되는 결합에 전자 한 쌍을 제공하고 이탈기는 분해되는 결합의 전자 한 쌍을 받는다.

4. S_N2 반응

반응의 속도가 친핵체와 기질의 농도에 의해 결정되는 **이분자 친핵성 치환 반응**(bimolecular nucleophilic substitution)을 **S_N2 반응**이라고 한다(S는 치환, N은 친핵성, 2는 두 분자를 나타낸다).

S_N2 반응의 속도식은 다음과 같다.

$$\text{반응 속도} = k[CH_3Br][OH^-]$$

과 같이 표현된다. S_N2 반응에 대한 메커니즘은 1937년 영국의 Ingold와 Hughes에 의해 제안되었다. S_N2 반응은 한 단계로 진행된다.

이 때, 친핵체가 이탈기의 반대쪽에서 탄소를 공격하기 때문에 이와 같은 공격을 **뒷면 공격**(backside attack)이라고 부른다. 친핵체가 bromomethane의 sp^3 탄소를 뒷면 공격하면 탄소-수소 결합들은 친핵체로부터 멀어지기 시작한다. 그리고 할로젠의 치환이 일어나는 탄소에 결합되어 있던 세 개의 수소들의 배열은 우산이 바람에 뒤집혀지듯이 왼쪽에서 오른쪽으로 뒤집어진다.

$$HO^- + H_3C\text{-}Br \longrightarrow \left[\overset{\delta-}{HO}\cdots CH_3 \cdots \overset{\delta-}{Br} \right]^{\ddagger} \longrightarrow HO\text{-}CH_3 + Br^-$$

Bromomethane 전이 상태 Methanol

이와 같은 입체형태의 변화를 **배열의 반전**(inversion of configuration) 또는 발견자의 이름을 따서 **Walden 반전**(Walden inversion)이라고 한다.

5. S_N2 반응에 영향을 미치는 인자

5.1 ▸ 입체 장애

부피가 큰 치환체가 화학 반응의 속도를 감소시키는 효과를 **입체 장애**(steric hindrance)라고 한다.

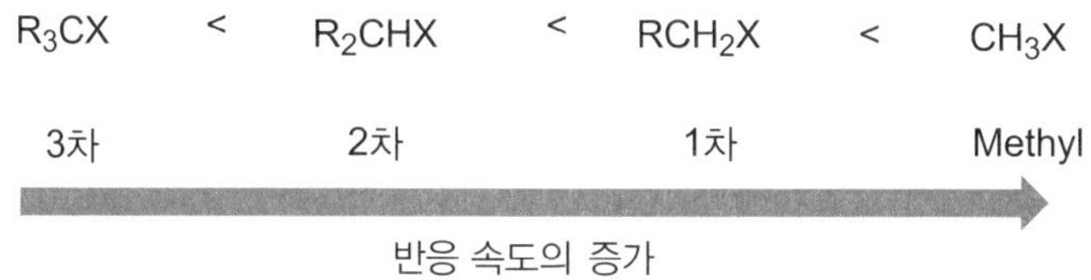

5.2 ▸ 이탈기

친핵성 치환 반응에서 반응의 속도는 이탈기의 성질에 따라 크게 달라진다. 이탈기의 반응성은 염기성도와 관계가 있다. 염기성도가 낮을수록 더 좋은 이탈기이다.

염기성도 증가 ←

$F^- < Cl^- < Br^- < I^-$

→ 이탈기로서의 반응성 증가

염기성도 증가 ←

$OH^- < CH_3O^- \ll CH_3CO_2^- < H_3C{-}C_6H_4{-}SO_2{-}O^- < F^- < Cl^- < Br^- < I^-$

→ 이탈기 반응성 증가

5.3 ▸ 친핵성도

S_N2 반응에서의 **친핵성도**(nucleophilicity)는 친핵체가 이탈기와 결합하고 있던 sp^3 탄소를 얼마나 잘 공격하느냐를 나타내는 척도이다.

중성분자와 음이온에서 전자 결핍성 원자를 공격하는 원자가 같을 때 염기성도와 친핵성도는 같은 경향을 보여준다. 염기성도가 커지면 친핵성도도 커진다.

H_2O < OH^-
H_2S < SH^-
NH_3 < NH_2^-

친핵성도 및 염기성도 증가

6. S_N1 반응

반응의 속도가 기질의 농도에만 의존하는 **한 분자 친핵성 치환 반응**(unimolecular nucleophilic substitution)을 **S_N1 반응**이라고 한다(S는 치환, N은 친핵성, 1은 한 분자를 나타낸다). S_N1 반응은 보통 중성 또는 산성 조건 하에서 진행된다. 속도식은 다음과 같이 쓸 수 있다.

$$\text{반응 속도} = k[(CH_3)_3CBr]$$

친핵체의 접근과 이탈기의 분리가 동시에 진행되는 S_N2 반응과는 달리 S_N1 반응은 두 단계의 메카니즘으로 진행된다. 첫번째 단계에서 이탈기가 자발적으로 결합 전자쌍을 가지고 떨어져 나가면 탄소 양이온 중간체가 형성된다. 두 번째 단계에서는 친핵체가 탄소 양이온 중간체와 반응함으로써 치환 생성물이 생성된다.

$$(CH_3)_3C\text{-}Br \xrightleftharpoons{\text{느림}} (CH_3)_3C^+ + Br^-\text{: 속도 결정 단계}$$

$$(CH_3)_3C^+ + H_2\ddot{O} \xrightarrow{\text{빠름}} (CH_3)_3C\text{-}\overset{+}{O}H_2 \rightleftharpoons (CH_3)_3C\text{-}OH + H^+$$

$H_2\ddot{O}$
a
b
C–Br
Br^-
a
Br^-
$H_2\overset{+}{O}$–C
HO–C + HBr
배열 반전
b
Br^-
C–$\overset{+}{O}H_2$
C–OH + HBr
이탈기인 브로민 이온이
친핵체인 물의 진로를 가로막는다
배열 보존
조금 적게 생성

실험 2.2 유기 할로젠 화합물의 확인(질산은 시험)

어떤 유기 화합물이 알코올 용매 속에서 질산은과 반응하여 할로젠화은의 침전(염화은은 흰색, 브로민화은은 옅은 노란색, 아이오딘화 은은 짙은 노란색)을 형성하면 그 화합물이 할로알케인임을 알 수 있다. 이 반응은 S_N1 메커니즘으로 진행된다.

$$R{-}X \xrightarrow{AgNO_3,\ EtOH} R{-}O{-}\overset{+}{N}(=O){-}O^- \quad + \quad AgX\ (X = Cl, Br, I)$$

1. 30 mL 시험관의 에탄올 5 mL과 5% 질산은 수용액 5 mL의 혼합물에 chlorocyclohexane bromocyclohexane 또는 iodocyclohexane 각각 한 방울을 넣고 흔들어 준다. 생성되는 침전의 색깔을 관찰한다.
2. 실온에서 5분 이내에 반응이 일어나지 않으면 끓는 물 중탕에 시험관을 넣어 가열한다.
3. 생성되는 침전이 적으면 6%의 질산 두세 방울을 더 가하고 발생하는 변화를 관찰한다.
4. 1차, 2차 및 3차 할로알케인 (예로써, 1-bromobutane, 2-bromobutane 및 2-bromo-2-methylpropane)에 대해서도 동일한 실험을 하고 변화 및 차이를 관찰한다.

결과보고서

LABORATORY EXPERIMENTS FOR
ORGANIC CHEMISTRY

_____년 ___월 ___일 학번______________ 이름______________

1. 실험 제목

2. 실험 목적

3. 준비물

4. 실험 원리

5. 실험 방법

6. 관찰 사항

7. 결과 정리

8. 결론 및 고찰

실험 2.3 1-Ethoxyhexane의 합성(Williamson 합성)

$$CH_3CH_2CH_2CH_2CH_2CH_2OH \xrightarrow[\text{2. } CH_3CH_2I\text{, reflux}]{\text{1. Na}} CH_3CH_2CH_2CH_2CH_2CH_2OCH_2CH_3$$

1-Hexanol 1-Ethoxyhexane

1. 냉각관과 자석젓개가 장치된 100 mL 이구둥근바닥 플라스크에 1-Hexanol 20.0 mL (16.3 g, 160 mmol)과 Sodium (Na) 3.7 g (160 mmol)을 넣고 반응시킨다. Sodium 이 점점 녹아 들어가서 모두 없어질 때까지 저어준다.
2. 위의 용액에 iodoethane 13.0 mL (25.0 g, 162 mmol)을 천천히 적가한다.
3. 기름중탕을 이용하여 반응 혼합물을 5 시간 동안 환류한 다음 식힌다.
4. 반응 혼합물을 분액 깔때기에 옮긴 다음 물 20 mL로 씻고 유기층을 분리한다.
5. 무수 황산마그네슘으로 습기를 제거한 다음 분별 증류하면 143°C 부근에서 1-ethoxyhexane이 얻어진다.
6. 수득률을 계산하고 IR과 NMR을 이용하여 구조를 확인한다.

LABORATORY EXPERIMENTS FOR
ORGANIC CHEMISTRY

결과보고서

LABORATORY EXPERIMENTS FOR ORGANIC CHEMISTRY

_____년 ___월 ___일 학번______________ 이름______________

1. 실험 제목

2. 실험 목적

3. 준비물

4. 실험 원리

5. 실험 방법

6. 관찰 사항

7. 결과 정리

8. 결론 및 고찰

7. 할로알케인의 제거 반응

할로알케인의 S_N2와 S_N1 반응에서는 **제거 반응**(Elimination reaction)이 경쟁적으로 일어나 알켄이 생성된다.

$$RCH_2CH_2Y + X^- \xleftarrow{\text{치환 반응}} RCH_2CH_2X + Y^- \xrightarrow{\text{제거 반응}} RCH{=}CH_2 + HY + X^-$$

제거 반응에는 **E2 반응**과 **E1 반응**의 두 가지 메커니즘이 있다.

E2 반응은 S_N2 반응과 경쟁한다. 반응 속도가 2차이기 때문에 **E2 반응**(elimination bimolecular)이라고 한다(E는 제거 반응, 2는 두 분자를 나타낸다).

$$CH_3CH_2Br + OH^- \longrightarrow CH_2{=}CH_2 + H_2O + Br^-$$

$$\text{반응 속도} = k[CH_3CH_2Br][OH^-]$$

S_N2 반응에서 보았던 것처럼 E2 반응도 한 단계로 진행된다. E2 반응 메커니즘에서 염기는 할로젠 원자가 결합되어 있는 탄소에 인접한 탄소의 수소를 제거한다.

$$B{:}^- + H{-}CR_2{-}CR_2{-}Br \longrightarrow \left[\overset{\delta-}{B}\cdots H\cdots R_2C{=\!=}CR_2\cdots\overset{\delta-}{Br} \right]^{\ddagger} \longrightarrow R_2C{=}CR_2 + BH + Br^-$$

E2 반응은 언제나 반응에 관여하는 모든 원자들이 동일 평면을 이루고 제거되는 수소와 이탈기가 서로 분자의 반대쪽으로부터 이탈된다.

LABORATORY EXPERIMENTS FOR
ORGANIC CHEMISTRY

3 산화-환원 반응

합성화학의 작용기 변환 과정에서는 산화와 환원 반응이 자주 이용된다. 일반적으로 산화는 전자를 잃는 것이고, 환원은 전자를 얻는 것이다. 유기 반응에서는 반응에 포함되는 탄소의 산화 상태를 고려한다.

1. 산화 반응

산화의 대표적 반응은 물질의 연소 반응, 생체 내의 대부분의 대사 반응이다. 연료의 연소는 산소와 연료의 빠른 산화 반응으로 많은 열과 빛을 방출하는 현상을 말한다.

$$\text{연소: } (C, H)_n + O_2 \longrightarrow \text{에너지(열 or 빛)} + CO_2 + H_2O$$

$$\text{생체 내: } C_n(H_2O)_n + O_2 \longrightarrow \text{에너지(열)} + CO_2 + H_2O$$

생체 내에서는 호흡을 통하여 산소를 제공하여 음식물로 섭취한 것과의 대사작용으로 에너지와 이산화탄소, 물이 생긴다. 당질은 대사 작용으로 1.0 g 당 4.0 kcal의 열량이 생성되어 인간이 살아가는데 필요한 에너지를 제공한다. 사람은 나이가 들면 산소와 오랫동안 접촉하여 주름살 등의 산화 현상이 나타난다. 산화 과정을 느리게 해주기 위해 음식이나 화장품 등에 항산화제를 첨가하여 노화를 보다 천천히 진행시킬 수 있다. 항산화제로는 비타민 C와 비타민 E(토코페롤)가 알려져 있다.

1.1 ▸ 크롬(Cr)을 이용한 산화 반응

가장 광범위하게 사용하는 전이금속 산화제는 크롬(VI)이다. 이것은 크로뮴옥사이드(CrO_3) 또는 다이크로메이트($Cr_2O_7^{2-}$)에서 만들어진다. 크롬(VI)은 수용액 상태에서 농도와 pH에 영향을 받는다. 존스 시약(Jones reagent: CrO_3 in H_2SO_4/acetone)은 가장 강한 조건으로 알코올이 카복실산(carboxylic acid)까지 산화된다. 존스 시약보다 약한 조건으로 콜린스 시약(Collins reagent: CrO_3-2pyr), PCC(pyridinium chlorochromate), PDC(pyridinium dichromate) 등이 사용된다.

1.2 ▸ 베이어-빌리거(Baeyer-Villiger) 산화 반응

카보닐 화합물에서 탄소-탄소 결합에 산소 원자를 첨가하여 락톤(lactone)을 합성할 때 이용하는 반응이다. 이 반응은 3° 알킬(alkyl) > 2° 알킬 > 벤질(benzyl) > 페닐(phenyl) > 1° 알킬 순으로 이동(migration)이 일어난다.

1.3 ▸ 샤프리스 에폭시화 반응(Sharpless epoxidation)

알릴 알코올(allylic alcohol)을 가진 화합물은 광학 활성(optically active)을 지닌 에폭시 화합물을 얻을 수 있다. t-뷰틸 하이드로퍼옥사이드(t-BuOOH)는 이중결합에 산소 원자를 제공한다. 사용하는 카이랄 타르트레이트(chiral tartrate)는 전이금속과 배위 결합하여 카이랄성 환경을 제공하고, 알릴 위치의 하이드록시(hydroxyl)기는 위의 카이랄 배위 화합물과 결합하여 **거울상 잉여**(enantioneric excess, e.e.) 화합물을 90% 이상 만든다. 90% e.e.는 거울상이성질체를 각각 95%와 5%를 생성하는 것을 의미한다. 샤프리스는 카이랄이 촉매된 에폭시화 반응(chiral catalyzed epoxidation) 등의 업적으로 노벨 화학상을 수상하였다.

1.4 ▸ 스원 산화 반응(Swern oxidation)

$-CO_2$, CO, $Cl^{\ominus}$

-H^+

: base

기존의 산화제로 사용하는 크롬(VI)은 발암물질로 알려져 있어 다룰 때 주의를 요하기 때문에 크롬(VI)을 대신할 수 있는 많은 산화제들이 개발되었다. 그 중에서 스원 산화 반응은 낮은 온도에서 1° 알코올을 알데하이드로 전환시킬 때 이용한다. 위의 메커니즘에서 표시한 수소가 있는 탄소 원자에 부피가 큰 그룹이 있으면 분자 내의 수소 제거 반응이 일어나기보다는 분해가 일어나서 에테르 형태의 부산물이 얻어지는 경우도 있다.

$R_2CHOCH_2SCH_3$
부산물

알켄의 불포화 결합은 뜨거운 $KMnO_4$와 같은 산화제에 의해 쉽게 산화되지만 벤젠의 불포화 결합은 이와 같은 산화제에 산화되지 않는다. 벤질 위치(benzylic position)에 수소가 있는 알킬기는 강산화제에 의해 산화되어 모두 카복시기로 전환된다.

+ $KMnO_4$ → 가열

Alkyl 치환된 benzene

Benzoic acid

2. 환원 반응

유기화학에 있어서 환원 반응의 예를 보면

2.1 ▸ 탄소 원자의 전자밀도가 증가하는 반응

$$RX \xrightarrow[2.\ H_3O^+]{1.\ Mg,\ ether} RH$$

C−H 결합의 생성 또는 CO, C−N, C−X 결합이 끊어지는 경우를 일컫는다.

2.2 ▸ 수소 첨가 반응

$$R-C\equiv C-R' \xrightarrow[\text{Lindlar catalyst}]{H_2} \text{(H)(R)C=C(H)(R')} \xrightarrow[Pd/C]{H_2} H-\underset{R}{\overset{H}{C}}-\underset{R'}{\overset{H}{C}}-H$$

린들러 촉매(Lindlar catalyst)를 이용한 삼중 결합에서 이중 결합 형성시 *시스*(*cis*) 화합물이 생성된다.

2.3 ▸ 전자 첨가 반응(Birch reduction)

$$R-C\equiv C-R' \xrightarrow[NH_3]{Li} R-\dot{C}=\ddot{C}^{-}-R' + Li^+ \xrightarrow{H-NH_2} R-\dot{C}=C(R')(H) + :\ddot{N}H_2^-$$

$$\xrightarrow{Li} (R)\ddot{C}^{-}=C(R')(H) + Li^+ \xrightarrow{H-NH_2} \text{(H)(R)C=C(R')(H)} + :\ddot{N}H_2^-$$

비취(Birch) 환원 반응을 이용하는 경우 삼중결합에서 이중 결합 형성시 *트랜스*(*trans*) 화합물이 생성된다.

2.4 ▸ 주석(Sn)을 이용한 환원 반응

금속 주석을 이용한 반응

$$C_6H_5-NO_2 + Sn \xrightarrow[\text{Reflux}]{HCl} C_6H_5-NH_2$$

방향족 나이트로 화합물을 환원시키는 데에는 수소 첨가 반응(hydrogenation)과 주석을 이용하여 환원 반응을 수행한다.

2.5 ▸ 수소 음이온(hydride: H:⁻) 첨가 반응

하이드라이드를 이용하여 카보닐 그룹을 환원시키는데 사용되는 시약으로는 소듐 보로하이드라이드($NaBH_4$), 리튬 알루미늄 하이드라이드($LiAlH_4$)와 다이아이소뷰틸알루미늄 하이드라이드(diisobutylaluminium hydride, DIBAH)가 사용되고 있다. 소듐 보로하이드라이드는 알데하이드와 케톤류 만을 환원시킨다. 리튬 알루미늄 하이드라이드는 알데하이드, 케톤, 카복실산, 에스터, 아마이드를 환원시키는데 사용된다. 소듐 보로하이드라이드는 알코올과 물을 용매로 사용할 수 있는 반면, 리튬 알루미늄 하이드라이드는 알코올과 물에서 격렬하게 반응하여 수소가스를 생성하여 위험하므로 하이드록시기가 없는 에테르를 주로 사용한다. 다이아이소뷰틸알루미늄 하이드라이드의 특징은 에스터를 가지고 −78°C에서 반응시키면 알데하이드까지 환원된다. 반응 온도를 높이면 경우 알코올까지 환원된다는 특징이 있다.

하이드라이드가 공격하는 방향은 다리부분의 치환체에 따라서 입체 선택성을 나타낸다. 다리 부분에 수소가 있는 경우(I)는 **입체 장애**가 덜 걸리는 바깥 방향(exo) 또는 볼록 부분(convex)으로 하이드라이드가 공격한다. 다리 부분에 메틸기가 있는 경우(II)에는 메틸기가 공격하려는 하이드라이드를 가로막게 되어서 안쪽 방향(endo) 또는 오목 부분(concave)으로 반응이 진행하게 된다.

산화 반응과 마찬가지로 환원 반응도 벤젠 고리에서는 잘 일어나지 않지만 전이 금속 촉매 존재하에서 매우 높은 온도와 압력을 가하면 환원될 수 있다.

실험 3.1 3-Pentanol의 산화

$$CH_3CH_2CH(OH)CH_2CH_3 \xrightarrow{Na_2Cr_2O_7,\ aq\text{-}H_2SO_4} CH_3CH_2C(=O)CH_2CH_3$$

3-Pentanol 3-Pentanone

1. 자석젓개, 적하깔때기 및 온도계가 장치된 250 mL 삼구둥근바닥 플라스크에 얼음 60 g, 진한 황산 20 mL을 넣고 저어주면서 3-pentanol 20.0 mL (16.3 g, 184 mmol)을 천천히 가한다.
2. 반응 혼합물을 실온으로 유지하면서 10 mL 물에 $Na_2Cr_2O_7 \cdot 2H_2O$ 21.0 g을 녹인 용액을 적하깔때기를 통해 천천히 가한다. 다 가한 다음 5 mL의 알코올을 가하고 저어준다.
3. 반응 혼합물의 열이 더 발생하지 않으면 진한 녹색 혼합물을 분액 깔때기에 옮기고 50 mL씩의 디에틸 에터로 두 번 추출한다.
4. 포화 $NaHCO_3$ 수용액 100 mL을 사용하여 추출액을 씻은 다음 무수 황산마그네슘으로 추출액의 습기를 제거한다.
5. 회전식 증발기를 이용하여 용매를 제거하고 증류하면 100°C 부근에서 생성물인 3-pentanone이 얻어진다.
6. 수득률을 계산하고 IR과 NMR을 이용하여 생성물의 구조를 확인한다.

결과보고서

LABORATORY EXPERIMENTS FOR ORGANIC CHEMISTRY

_____년 ___월 ___일 학번______________ 이름______________

1. 실험 제목

2. 실험 목적

3. 준비물

4. 실험 원리

5. 실험 방법

6. 관찰 사항

7. 결과 정리

8. 결론 및 고찰

실험 3.2 ▸ Alcohol의 할로젠화 반응

$$\text{ROH} \xrightarrow{\text{HCl 또는 HCl/ZnCl}_2} \text{RCl}$$

1. 일차, 이차 및 삼차 알코올인 1-Propanol, 2-propanol, 2-methyl-2-propanol 각 1 mL씩을 10 mL의 시험관에 넣는다.
2. 각 시험관에 진한 염산 2 mL씩을 넣고 흔들어 본다.
3. 변화가 관찰되지 않는 시험관을 물중탕에서 가열하여 본다. 가열해도 변화가 없는 시험관에는 소량의 $ZnCl_2$를 녹인 진한 염산을 가해본다.

이 실험을 Lucas 시험이라고 하며 각 알코올에 대한 반응성의 차이는 일차, 이차 및 삼차 알코올을 구별하는 시험법으로 이용된다. 알코올을 haloalkane으로 전환할 때는 여러 가지 방법들이 이용된다. 예로서, chloroalkane에는 $SOCl_2$ (thionyl chloride), bormoalkane에는 PBr_3 (phosphorus tribromide)과 같은 시약이 이용되고 iodoalkane에는 적인과 아이오딘의 혼합물이 이용된다.

LABORATORY EXPERIMENTS FOR
ORGANIC CHEMISTRY

결과보고서

LABORATORY EXPERIMENTS FOR ORGANIC CHEMISTRY

_____년 ___월 ___일 학번______________ 이름______________

1. 실험 제목

2. 실험 목적

3. 준비물

4. 실험 원리

5. 실험 방법

6. 관찰 사항

7. 결과 정리

8. 결론 및 고찰

실험 3.3 α-picoline의 산화

α-Picoline —($KMnO_4$, H_2O, heat)→ Picolinic acid —(HCl)→ Picolinic acid hydorchloride

1. 자석젓개와 물중탕이 장치된 250 mL 삼각 플라스크에 물 50 mL을 넣고 5.0 mL 2-Methylpyridine (α-picoline, 5.3 g, 57 mmol)을 가한 다음 온도를 70°C로 올린다. 빠르게 저어주면서 20.0 g $KMnO_4$ (130 mmol)을 10회로 나누어 조금씩 가한다.
2. 반응 혼합물의 보라색이 사라질 때까지 70°C에서 1 시간 동안 가열하면서 저어준다.
3. 뜨거운 상태에서 용액을 거르고 고체를 10 mL씩의 물로 네 번 씻어낸 다음 용액들을 모두 모은다.
4. 모은 용액을 회전식 증발기를 사용하여 감압 하에서 50 mL로 농축한 다음 200 mL의 삼각플라스크로 옮기고 6 mL의 진한 염산을 가한다. 20 분 동안 자석젓개로 저어주면서 끓을 때까지 가열하였다 식힌다.
5. 냉장고에서 하룻밤 방치하였을 때 생성된 picolinic acid hydrochloride 결정을 거르고 말린다.
6. 수득율을 계산하고 IR과 NMR을 이용하여 구조를 확인한다.

LABORATORY EXPERIMENTS FOR
ORGANIC CHEMISTRY

결과보고서

LABORATORY EXPERIMENTS FOR
ORGANIC CHEMISTRY

_____년 ___월 ___일 학번_____________ 이름_____________

1. 실험 제목

2. 실험 목적

3. 준비물

4. 실험 원리

5. 실험 방법

6. 관찰 사항

7. 결과 정리

8. 결론 및 고찰

실험 3.4 *p*-Nitrotoluene의 환원

$$p\text{-Nitrotoluene} \xrightarrow{\text{Sn/HCl}} p\text{-toluidine}$$

p-Nitrotoluene *p*-toluidine

1. 냉각관과 자석젓개가 장치된 250 mL 이구 둥근바닥 플라스크에 *p*-Nitrotoluene 3.0 mL (3.3 g, 21.9 mmol), tin (과립형, 8.0 g) 및 10 % 염산 80 mL (물 58 mL에 진한염산 22 mL을 가하여 만든다)을 넣은 다음 기름중탕에서 1.5 시간 동안 환류한다.
2. 플라스크속 고체가 모두 녹은 것을 확인하고 반응을 종결한다.
3. 반응 혼합물을 식힌 다음 얼음과 물을 넣은 수조에 플라스크를 넣고 40% NaOH 수용액 48 mL를 적가한다. 열이 발생하지 않도록 천천히 가한다.
4. 분액 깔때기로 옮기고 60 mL씩의 디에틸 에터로 두 번 추출하여 모은다. 추출액을 무수 황산마그네슘으로 수분을 제거한 다음 회전식 증발기를 사용하여 용매를 제거한다.
5. 얻어진 고체를 뜨거운 물에서 재결정하면 *p*-toluidine이 얻어진다.
6. 수득률을 계산하고 녹는점을 측정한 다음 IR 및 NMR을 이용하여 구조를 확인한다.

LABORATORY EXPERIMENTS FOR
ORGANIC CHEMISTRY

결과보고서

LABORATORY EXPERIMENTS FOR
ORGANIC CHEMISTRY

_____년 ___월 ___일 학번______________ 이름______________

1. 실험 제목

2. 실험 목적

3. 준비물

4. 실험 원리

5. 실험 방법

6. 관찰 사항

7. 결과 정리

8. 결론 및 고찰

실험 3.5 3-Pentanone의 환원

$$\underset{\text{3-Pentanone}}{CH_3CH_2\overset{O}{\overset{\|}{C}}CH_2CH_3} \xrightarrow{NaBH_4,\ \text{ethanol}} \underset{\text{3-Pentanol}}{CH_3CH_2\overset{OH}{\overset{|}{C}}HCH_2CH_3}$$

1. 자석젓개가 장치된 250 mL 둥근바닥 플라스크의 100 mL ethanol을 얼음중탕으로 냉각하면서 3-pentanone 10.0 mL (8.2 g, 95.0 mmol)과 $NaBH_4$ 1.8 g (47.6 mmol)을 넣고 30분 동안 저어준다.
2. 반응 혼합물에 물 20 mL을 넣고 여분의 $NaBH_4$가 분해되도록 10 분 동안 끓인다.
3. 반응 혼합물을 식히고 디에틸 에터 100 mL씩으로 두 번 추출한다. 무수 황산마그네슘으로 추출액의 습기를 제거한 다음 회전식 증발기를 사용하여 용매를 제거한다.
4. 남은 액체를 분별 증류하면 115°C 부근에서 생성물인 3-pentanol이 얻어진다.
5. 수득률을 계산하고 IR과 NMR을 이용하여 구조를 확인한다.

LABORATORY EXPERIMENTS FOR
ORGANIC CHEMISTRY

결과보고서

LABORATORY EXPERIMENTS FOR ORGANIC CHEMISTRY

_____년 ___월 ___일 학번______________ 이름______________

1. 실험 제목

2. 실험 목적

3. 준비물

4. 실험 원리

5. 실험 방법

6. 관찰 사항

7. 결과 정리

8. 결론 및 고찰

4 친전자성 방향족 치환 반응

1825년 영국의 Michael Faraday가 고래기름을 열분해 했을 때 얻어지는 혼합물로부터 처음으로 벤젠을 분리하였다. 벤젠의 분자식이 C_6H_6이라는 사실은 1834년 Eilhardt Mitscherlich에 의해 밝혀졌으며 얼마 후 벤젠(benzene)이라는 이름이 붙여졌다. 화학자들은 이 화합물들이 기분 좋은 향기를 가지고 있었기 때문에 **방향족 화합물**(aromatic compound)이라고 불렀다. 매우 많은 벤젠 유도체들이 합성되었으며 이들 중에도 생물학적 활성을 보여주는 것들이 많다. 몇 가지 예를 들면 asprin은 진통해열제, BHT는 식품 보존제로서 그리고 saccharin은 인공 감미료로 사용되고 있다.

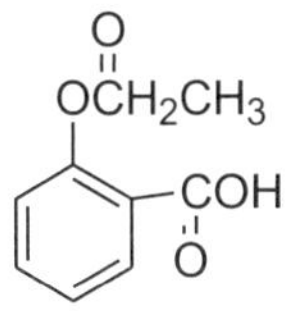

Aspirin

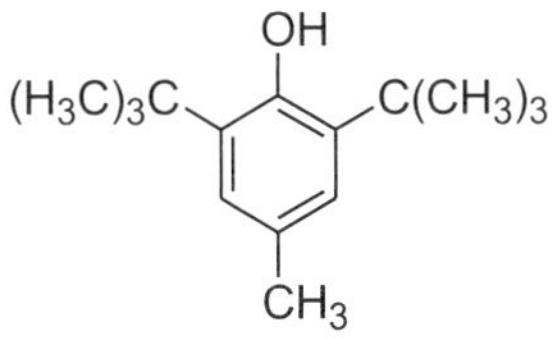

2,6-Bis(tert-butyl)-4-methylphenol (BHT)

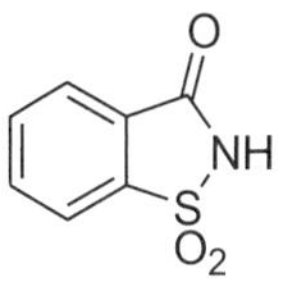

Saccharin

1. 벤젠의 구조와 결합

벤젠의 공명구조(resonance)에서 양방향 화살표는 π 전자들이 여섯 개의 탄소에 균일하게 **비편재화**(delocalized) 되어 있다는 것을 의미한다. 벤젠의 구조를 그릴 때는 두 공명혼성 구조를 다 그려야 하지만 편리를 위해 보통 두 구조 중 한 가지 구조만 그린다. 어떤 경우에는 벤젠을 육각형 고리에 원을 그려넣은 구조로 나타내기도 한다.

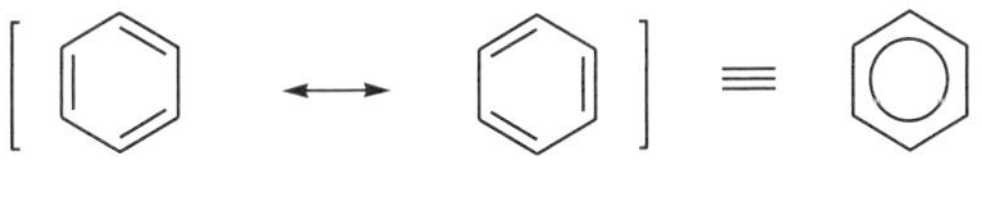

벤젠의 공명구조

2. 벤젠의 궤도함수 모형과 안정도

벤젠의 각 탄소는 세 개의 다른 원자에 결합되어 있고 결합각이 120°이며 평면구조를 가지고 있다. 이와 같은 구조적 특징으로부터 벤젠은 각 탄소가 sp^2 혼성궤도함수를 사용하여 σ 골격을 형성하고 있음을 알 수 있다. 각 탄소원자에 있는 p 궤도함수들은 σ 골격에 수직이다. 벤젠의 구조가 평면이기 때문에 여섯 개의 p 궤도함수들은 서로 평행할 뿐만 아니라 가까운 거리에서 측면으로 겹칠 수 있다. 각 p 궤도함수들이 서로 겹쳐지면 벤젠고리 평면의 위와 아래에 도너츠 형의 π 전자 구름이 형성된다(**그림 4-1**). 모두 여섯 개인 벤젠의 π 전자들은 여섯 개 탄소 전체에 균일하게 비편재화 되어 있다.

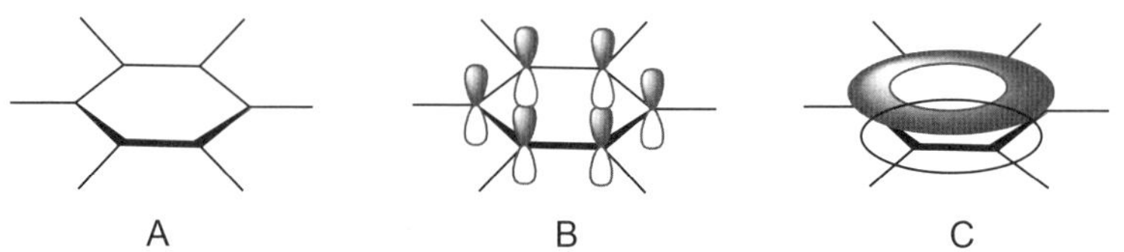

그림 4-1 A: 벤젠의 σ 골격. B: 벤젠의 각 탄소에 있는 p 궤도함수들은 인접한 탄소의 p 궤도함수들과 서로 겹친다. C: 벤젠의 σ 골격 위 아래에 퍼져 있는 π 궤도함수.

전자들의 비편재화 때문에 발생된 이 안정화를 **비편재화 에너지**(delocalization energy) 또는 **공명 에너지**(resonance energy)라고 한다. 벤젠과 벤젠 유사 물질들이 갖고 있는 이와 같은 안정화 특성을 **방향족성**(aromaticity)이라고 한다.

3. 친전자성 치환 반응

벤젠의 π 전자는 독특한 안정성을 가지고 있기 때문에 알켄에서 일어나는 대부분의 반응이 벤젠에서는 일어나지 않는다. 그러나 어떤 조건 하에서는 벤젠고리에 있는 수소원자 한 개가 친전자체에 의해 치환되는 반응인 **친전자성 치환 반응**(electrophilic substitution)이 일어난다. 모든 친전자성 치환 반응은 두 단계 메커니즘으로 진행된다. 첫 번째 단계에서는 벤젠고리에 있는 한쌍의 π 전자가 친전자체(E^+)를 공격하여 탄소 양이온 중간체가 형성되는데 이것은 세 공명 구조의 혼성체이다.

탄소 양이온 중간체

이 단계는 알켄의 친전자성 첨가 반응에서 탄소 양이온이 형성되는 첫 번째 단계와 비슷하다. 알켄에서 만들어진 탄소 양이온은 두 번째 단계에서 친핵체와 반응하여 첨가 생성물을 형성한다.

탄소 양이온 중간체

친전자성 첨가 반응 생성물

벤젠에서 형성된 탄소 양이온 중간체가 알켄의 경우처럼 친핵체와 반응한다면 생성물은 방향족성을 잃게 될 것이다. 방향족성을 되찾기 위해 벤젠에서 형성된 탄소 양이온은 친핵체와 반응하는 대신 친전자체가 첨가된 자리의 양성자를 버린다. 결과로서 벤젠의 수소원자 한 개가 친전자체로 치환되고 벤젠의 방향족성은 복원된다.

친전자성 첨가 반응 생성물 비방향족성 ← (Nu⁻, 일어나지 않음) 탄소 양이온 중간체 → 치환 반응 생성물 방향족성 + H^+

반응의 첫 단계에서는 π 시스템의 방향족성이 깨어짐으로써 **공명에너지**(공명 안정화)를 잃는다. 전이 상태 에너지가 큰 이 과정이 반응 속도 결정 단계이며 강한 친전자체가 필요하다. 두 번째 단계에서는 탄소 양이온 중간체의 양성자가 빠르게 떨어져나감으로써 방향족성이 회복된다.

대표적인 친전자성 치환 반응에는 할로젠화(halogenation), 나이트로화(nitration), 설폰화(sulfonation), Friedel-Crafts 알킬화(Friedel-Crafts alkylation) 및 Friedel-Crafts 아실화(Friedel-Crafts acylation)의 다섯 가지가 있다.

4. 할로젠화 반응

보통 조건 하에서 벤젠은 할로젠과 반응하지 않는다. 그러나 Lewis 촉매로 작용하는 할로젠화 철이 존재하면 **할로젠화 반응**(halogenation)을 한다. 보통 벤젠과 쇳조각의 혼합물에 할로젠(Cl_2 또는 Br_2)를 천천히 가해주면 반응 용기 내에서 할로젠화 철($FeCl_3$ 또는 $FeBr_3$)이 형성되고 이것이 촉매 작용을 한다.

4.1 ▸ 브로민화 반응

브로민화 반응(bromination)에서는 친전자체가 생성되는 단계에서 Br_2가 Lewis 산인 $FeBr_3$에 비공유 전자쌍을 빼앗긴다. 이 때 Br-Br 결합이 깨어지면서 친전자체로 작용하는 착체인 $Br^+[BrFeBr_3]^-$가 생성된다.

$$:\ddot{Br}-\ddot{Br}: + FeBr_3 \rightleftharpoons :\ddot{Br}^+ [Br-\bar{Fe}Br_3]$$

친전자체인 Br^+가 첨가되면 탄소 양이온 중간체가 형성된다.

$$C_6H_6 + :\ddot{Br}^+[Br-\bar{Fe}Br_3] \xrightarrow{\text{느림}} C_6H_6Br^+ + [FeBr_4]^-$$

마지막 단계에서 $[BrFeBr_3]^-$가 염기로 작용하여 탄소 양이온 중간체의 양성자를 제거하면 반응이 끝나게 된다.

4.2 ▸ 나이트로화 반응

벤젠의 **나이트로화 반응**(nitration)에서는 보통 촉매로서 황산이 필요하다. 황산은 질산을 양성자화한다. 양성자화된 질산으로부터 물이 제거되면 친전자체로 작용하는 나이트로늄 이온(nitronium ion)이 생성된다.

$$HO{-}NO_2 + H_2SO_4 \rightleftharpoons H_2\overset{+}{O}{-}NO_2 \rightleftharpoons NO_2^+ + H_2O$$

나이트로늄 이온 + HSO_4^-

반응 혼합물에 존재하는 물 분자 등이 염기로 작용하여 나이트로화된 탄소 양이온 중간체로부터 양성자를 제거하면 니트로벤젠이 생성된다.

4.3 ▸ 설폰화 반응

황산을 가열하면 삼산화황(SO_3)이 발생되는데 이것이 친전자체로 작용하여 벤젠을 공격하면 **설폰화 반응**(sulfonation)이 일어난다.

황산 음이온 등에 의해 탄소 양이온 중간체로부터 양성자가 제거되면 benzenesulfonate 이온이 형성되면서 방향족성이 회복된다.

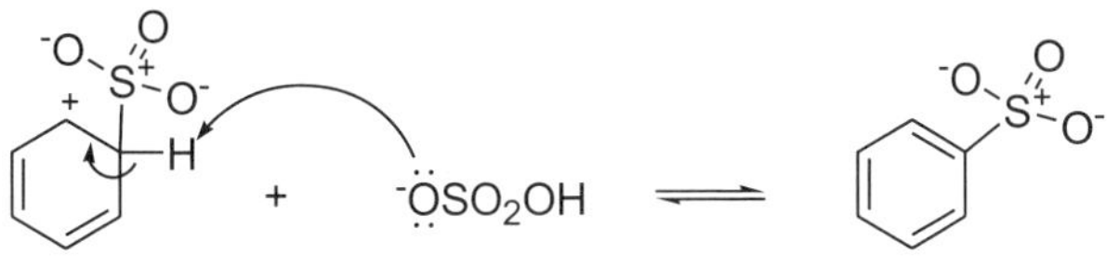

황산으로부터 양성자가 benzenesulfonate 이온의 산소로 양성자가 전달되면 반응이 끝난다.

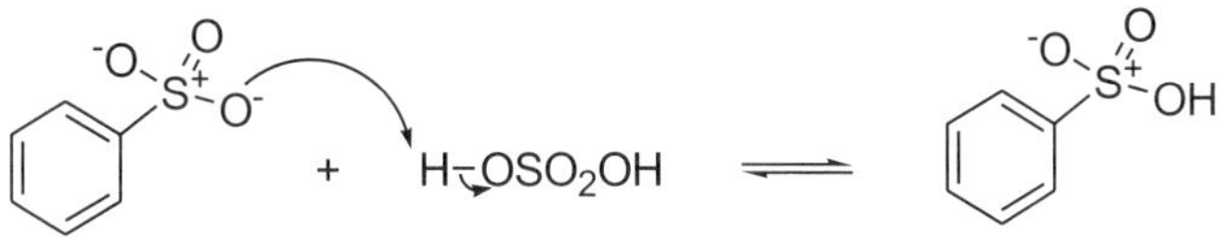

설폰화 반응은 가역적으로 진행되며 염기와 함께 가열하면 페놀이 생성된다.

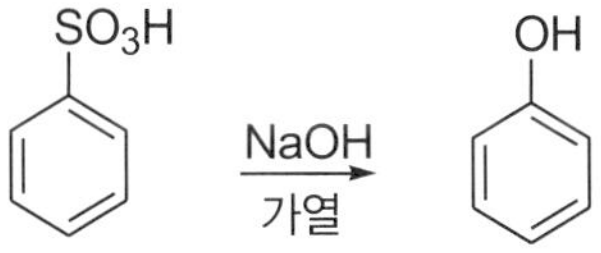

4.4 ▸ Friedel-Crafts 알킬화 및 아실화 반응

Friedel-Crafts 알킬화 반응(Friedel-Crafts alkylation)은 1877년 프랑스의 Charles Friedel과 James Crafts에 의해 발견되었다. 친전자체로 작용하는 탄소 양이온은 할로알케인과 Lewis 산 촉매인 $AlCl_3$의 반응에서 생성된다.

$$(CH_3)_2CHCl + AlCl_3 \longrightarrow (CH_3)_2\overset{+}{C}H\ [Cl\text{-}\overset{-}{Al}HCl_3]$$

2-Chloropropane

형성된 탄소 양이온은 다른 친전자체와 비슷한 방법으로 벤젠과 반응한다.

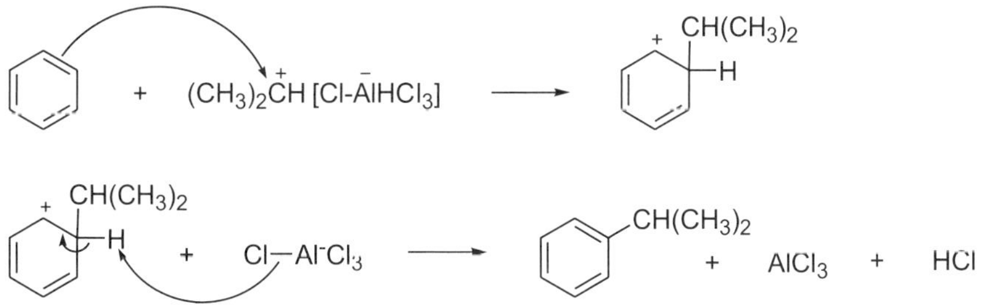

Isopropylbenzene

Friedel-Crafts 아실화 반응(Friedel-Crafts acylation)도 알킬화 반응과 비슷하게 진행된다. 할로알케인 대신 염화 아실을 사용하면 케톤이 생성된다. 염화 아실이 $AlCl_3$와 반응했을 때 형성되는 친핵체는 **아실 양이온**(acyl cation) 또는 **아실리윰 이온**(acylium ion)이라고 한다. 아실리윰 이온은 두 가지 공명구조로 나타낼 수 있다.

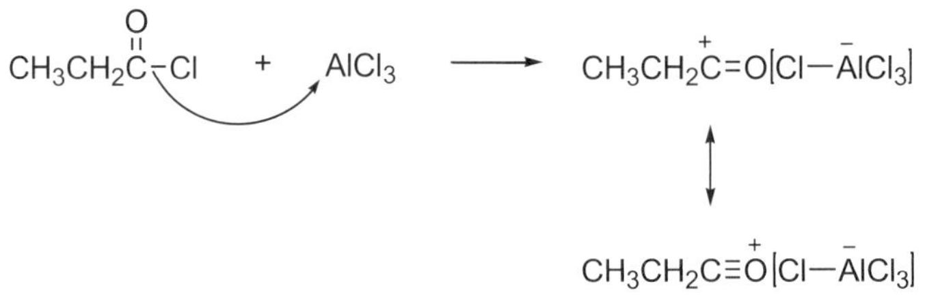

$$CH_3CH_2\overset{O}{\overset{\|}{C}}-Cl \quad + \quad AlCl_3 \longrightarrow CH_3CH_2\overset{+}{C}{=}O[Cl-\overset{-}{Al}Cl_3]$$

$$\updownarrow$$

$$CH_3CH_2C{\equiv}\overset{+}{O}[Cl-\overset{-}{Al}Cl_3]$$

아실리윰 이온

아실리윰 이온에서 반응자리는 아실 탄소이다. 이 반응은 방향족 케톤을 합성하는 매우 효과적인 방법이다.

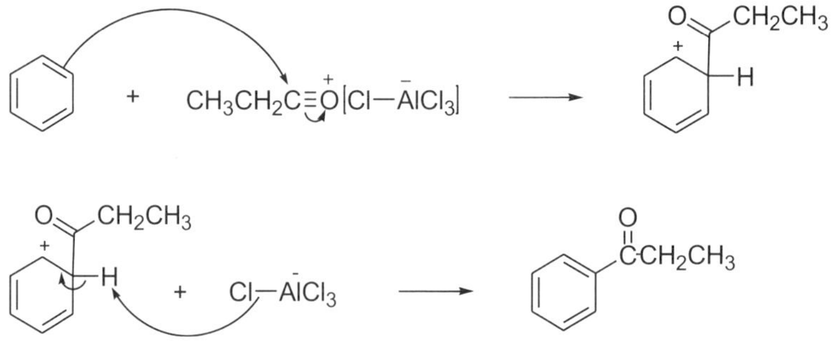

$$C_6H_6 \quad + \quad CH_3CH_2C{\equiv}\overset{+}{O}[Cl-\overset{-}{Al}Cl_3] \longrightarrow$$ (O, CH_2CH_3, +, H)

(O, CH_2CH_3, +, H) $$+ \quad Cl-\overset{-}{Al}Cl_3 \longrightarrow C_6H_5\overset{O}{\overset{\|}{C}}CH_2CH_3$$

Ethyl phenyl ketone

5. 치환된 벤젠의 상대적 반응성

벤젠고리의 치환체는 친전자성 치환 반응의 반응성에 영향을 미친다. 예로, aniline에서 친전자성 치환 반응이 일어날 때 반응 속도는 벤젠보다 백만 배 정도 크다. 그러나 nitrobenzene의 반응은 벤젠보다 백만 배 느리게 진행된다.

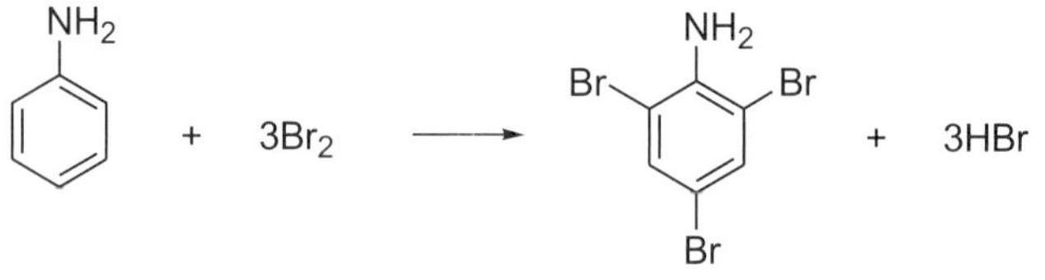

$$C_6H_5NH_2 \quad + \quad 3Br_2 \longrightarrow C_6H_2Br_3NH_2 \quad + \quad 3HBr$$

벤젠보다 반응 속도가
100 만배 크다.
촉매 불필요.

2,3,6-Tribromoaniline

$$C_6H_5NO_2 + HNO_3 \xrightarrow[100\ ^{o}C]{H_2SO_4} m\text{-}C_6H_4(NO_2)_2 + H_2O$$

벤젠보다 반응 속도가
100만 배 작다.
격렬한 조건 필요.

m-Dinitrobenzene

이들 예에서 보는 바와 같이 NH_2기는 **활성화기**(activating group)로 작용하여 벤젠 고리가 친전자체의 공격을 훨씬 쉽게 받도록 한다. 반면 NO_2기는 **활성감소기**(deactivating group)로 작용하여 벤젠고리의 반응성을 떨어뜨린다. 전자를 밀어주는 **전자주개**(electron donating group 또는 electron donor) 치환체는 친전자성 치환 반응의 속도를 증가시키고 전자를 끌어당기는 **전자끌개**(electron withdrawing group 또는 electron acceptor)는 속도를 감소시킨다. 전자주개는 탄소 양이온 중간체를 안정화시킴으로써 활성화에너지를 낮추는 반면 전자끌개는 탄소 양이온 중간체를 불안정하게 하므로 활성화에너지를 증가시킨다.

표 4-2 친전자성 치환 반응에서 치환기의 효과.

반응 속도 영향	*o*,*p*-지향기	반응 속도 영향	*m*-지향기
매우 강한 활성화	$-NH_2$, $-NHR$, $-NR_2$	강한 활성 감소	$-COR$ (C=O)
	$-\ddot{O}H$		$-CR$ (C=O)
	$-\ddot{O}R$		$-SO_3H$
강한 활성화기	$-\ddot{O}-C(=O)-R$		$-CH$ (C=O)
	$-\ddot{N}H-C(=O)R$		$-COH$ (C=O)
활성화	$-C_6H_5$ (aryl)		$-CN$
	-R (alkyl)	매우 강한 활성 감소	$-NO_2$
약한 활성 감소	-X (X=halogen, 활성 감소)		$-\overset{+}{N}R_3$

6. 치환된 벤젠의 위치 선택성

벤젠에 결합되어 있는 치환체들은 **오쏘-** 및 **파라-지향기**(director)와 **메타-지향기**의 두 부류로 나누어지며 치환되는 위치에 대한 영향을 받는다.

6.1 ▸ *o*- 및 *p*- 지향기

벤젠에 치환된 활성화기와 약한 활성감소기인 할로젠은 새로운 친전자체가 오쏘- 및 *파라*-위치를 공격하게 한다. 오쏘- 및 *파라*- 지향기는 고리에 직접 결합되는 원자에 비공유전자가 있거나 알킬기와 같이 유도 효과를 통해 전자를 밀어주는 치환체들이다.

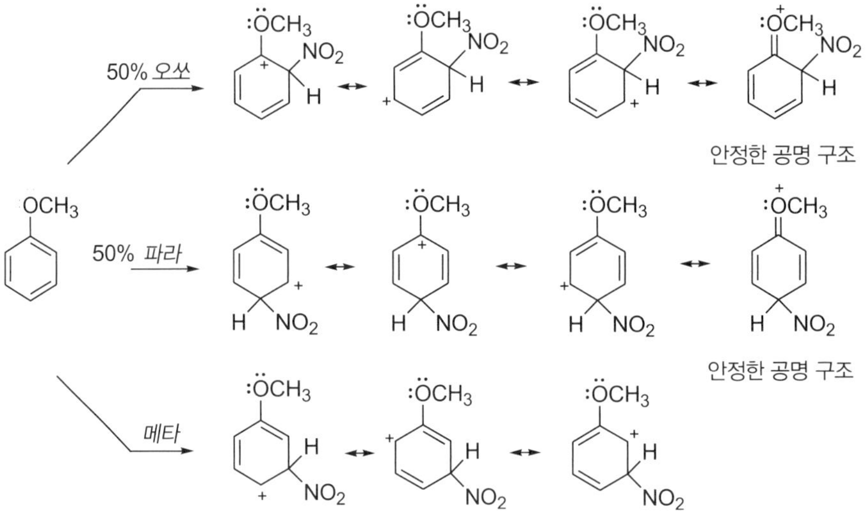

6.2 ▸ *m*- 지향기

할로젠을 제외한 모든 활성감소기는 새로운 친전자체의 공격이 메타-위치에서 일어나게 한다. 메타 지향기는 고리에 직접 결합되는 원자에 양전하가 있거나 부분 양전하가 있어 전자들 당기는 치환체들이다. 또한, 오쏘- 및 *파라*- 위치에 브로민이 도입된 카보 양이온 중간체들은 각각 세 개씩의 공명구조를 가지고 있다. 그러나 *메타*- 위치에서 반응이 일어난 탄소 양이온에는 이와 같은 공명구조가 없어 상대적으로 더 안정하므로 *메타*- 중간체가 오쏘- 및 *파라*- 중간체보다 더 빨리 생성된다.

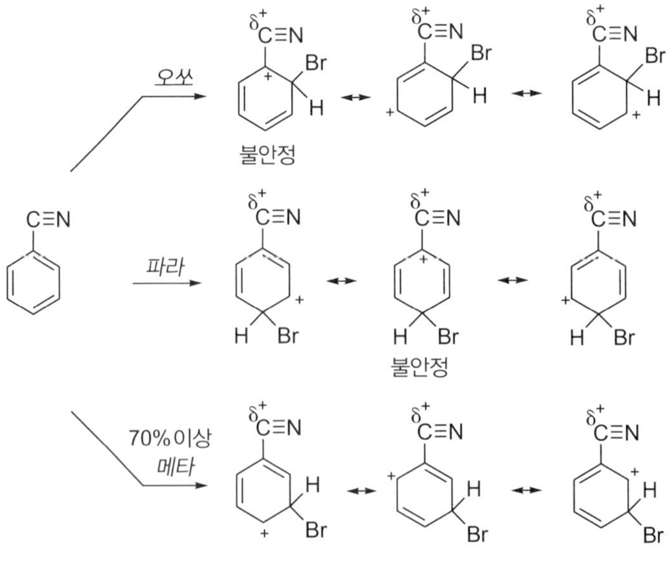

7. 활성 효과와 지향기의 중요성

친전자성 치환 반응을 이용하여 두 개 이상의 치환기를 가지고 있는 벤젠 유도체를 합성할 때는 치환기의 활성 효과와 배향 효과를 반드시 고려하여야 한다.

OH + Br_2 → OH, Br + OH, Br

o-Bromophenol *p*-Bromophenol

이 때 촉매와 함께 과량의 브로민을 사용하면 세 개의 브로민 원자가 도입된 생성물이 얻어진다.

OH + $3Br_2$ $\xrightarrow{FeBr_3}$ OH, Br, Br, Br

2,4,6-Tribromophenol

8. 산화-환원 반응

벤젠의 불포화 결합은 산화제에 의해 잘 산화되지 않는다. 벤질 위치(benzylic position)에 수소가 있는 알킬기는 강한 산화제에 의해 산화되어 모두 카복시기로 전환된다.

R, HC−R + $KMnO_4$ $\xrightarrow{가열}$ O, C−OH

Alkyl 치환된 benzene Benzoic acid

산화 반응과 마찬가지로 환원 반응도 벤젠고리에서는 잘 일어나지 않지만 전이금속 촉매 존재 하에서 매우 높은 온도와 압력을 가하면 환원될 수 있다.

CH_2CH_3 + H_2 $\xrightarrow[2000\ psi,\ 25°C]{Pt/ethanol}$ CH_2CH_3

Ethylbenzene Ethylcyclohexane

9. 방향족성에 대한 일반화

1930년대 독일의 Erich Hückel은 "**평면형 고리구조**이고 **완전히 컨쥬게이트**되어 있으면서 **(4n + 2)개의 π 전자**를 가지고 있는 폴리엔은 **방향족**(aromatic)이다"라고 하는 **Hückel 법칙**(Hückel's rule)을 발표하였다. 방향족 화합물들이 공통적으로 보여주는 특징을 **방향족성**(aromaticity)이라고 하는데 모두 벤젠과 비슷한 안정도를 갖고 있다. Hückel 법칙에서 n = 1 즉, π 전자 여섯에 해당하는 경우가 벤젠이다. naphthalene은 벤젠 고리들이 접합되어 있는 **여러 고리형 벤젠류**(polycyclic benzenoid)이다. 이들은 각각 n = 2 및 n = 3에 해당하는, π 전자가 10개 및 14개인 방향족 화합물들이다.

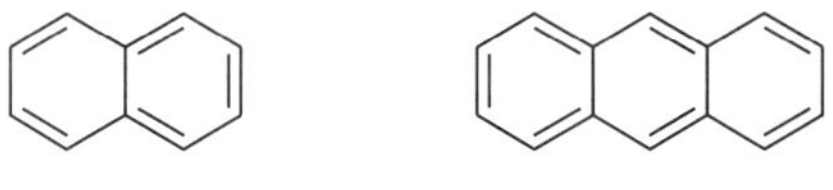

Naphthalene Anthracene

이 화합물들은 방향족 화합물들에 특징적인 친전자성 치환 반응을 일으킨다.

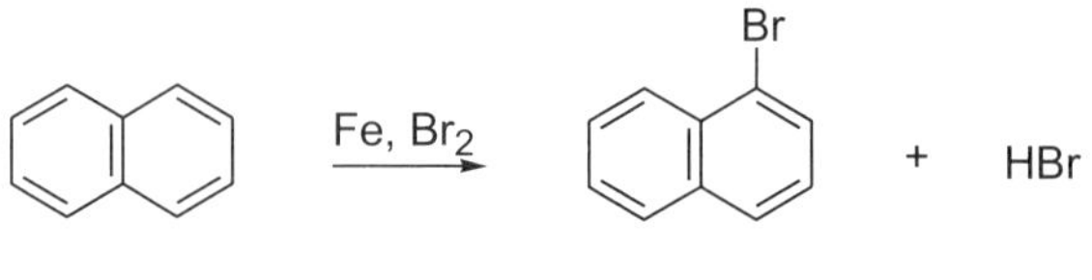

Br

Fe, Br_2

\+ HBr

Naphthalene 1-Bromonaphthalene

벤젠고리를 가지고 있지 않은 고리화합물 또는 이온들도 방향족성을 보여준다. 예로서 cyclopropenyl 양이온과 annulene은 Hückel 법칙에서 각각 n = 0 및 n = 2에 해당하는 방향족성을 가지고 있다.

H

\+

H H

Cyclopropenyl 양이온 [10]Annulene

10. 헤테로고리 방향족 화합물

헤테로고리 화합물(Heterocyclic compound)들은 고리를 구성하고 있는 한 개 이상의 원자가 헤테로 원자인 구조를 가지고 있다. 탄소를 제외한 모든 원자를 **헤테로 원자**(hetero atom)라고 한다. 헤테로고리 화합물들 중 많은 것들이 Hückel 법칙을 만족하는 방향족성을 보여준다. Pyrrole, furan 및 thiophene도 Hückel 법칙의 n = 1인 방향족성을 보여준다. 이들은 두 개의 π 결합에서 제공된 4개의 π 전자와 헤테로 원자에서 제공된 2개의 π 전자로 이루어진 방향족성 6π 전자계를 가지고 있다.

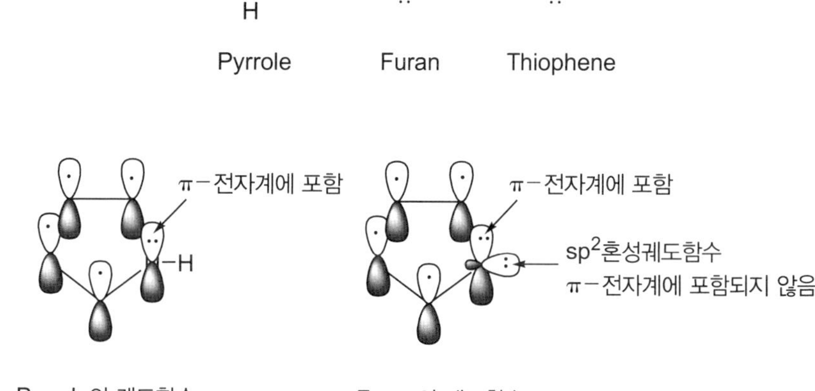

실험 4.1 Benzene의 브로민화 반응

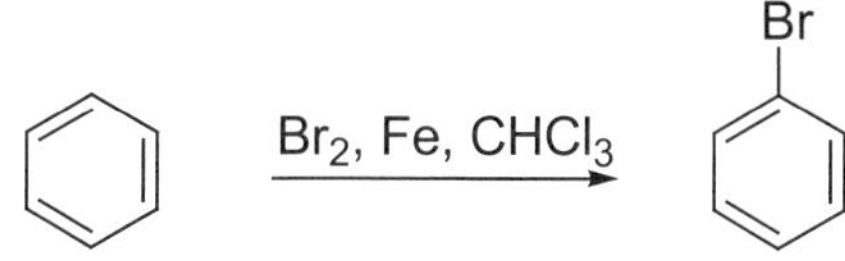

Bromobenzene

1. 자석젓개와 적하깔때기가 장치된 100 mL 이구둥근바닥 플라스크에 클로로폼 20 mL, benzene 10.0 mL (8.8 g, 112 mmol)과 철가루 1.0 g을 넣는다.
2. 반응 혼합물을 빠르게 저어주면서 Br_2 2.9 mL (9.0 g, 113 mmol)의 클로로폼 용액 10 mL을 적하깔때기를 통해 천천히 가한다. 물중탕을 이용하여 40°C에서 2시간 동안 저어준다.
3. 실온에서 하룻밤 동안 더 저어주고 반응 혼합물에 있는 고체를 거른 다음 분액 깔때기로 옮긴다.
4. 물 50 mL, 10% $NaHSO_3$ 50 mL와 포화 $NaHCO_3$ 순서로 씻은 다음 유기층을 분리하고 무수 황산마그네슘으로 습기를 제거한다.
5. 회전식 증발기를 사용하여 용매를 제거한 다음 증류하면 156°C 근처에서 bromobenzene이 분리된다.
6. 수득률을 계산한다.

LABORATORY EXPERIMENTS FOR
ORGANIC CHEMISTRY

결과보고서

LABORATORY EXPERIMENTS FOR ORGANIC CHEMISTRY

_____년 ___월 ___일 학번______________ 이름______________

1. 실험 제목

2. 실험 목적

3. 준비물

4. 실험 원리

5. 실험 방법

6. 관찰 사항

7. 결과 정리

8. 결론 및 고찰

실험 4.2 Toluene의 나이트로화 반응

$$\text{Toluene} \xrightarrow{HNO_3/H_2SO_4} p\text{-Nitrotoluene} + o\text{-Nitrotoluene}$$

p-Nitrotoluene *o*-Nitrotoluene

1. 물중탕과 자석젓개가 장치된 250 mL 삼각플라스크의 2 mL 물에 진한 질산 12.5 mL (18.7 g)과 황산 15 mL (27.5 g) 을 천천히 섞는다.
2. 반응 혼합물의 온도가 50 ~ 60°C를 유지하도록 빠르게 저어주면서 17.3 mL (13.8 g)의 toluene을 2.5 mL씩 나누어서 가한다.
3. 물중탕을 이용하여 60°C 에서 40 분간 더 가열한다.
4. 실온으로 냉각한 다음 물 100 mL을 반응 혼합물에 가하고 분액 깔때기로 옮긴 다음 유기층을 분리한다. 유기층에 무수 황산마그네슘 가하여 수분을 제거한다.
5. 분별증류하면 238°C 부근에서 *p*-nitrotoluene이 분리된다.
6. 수득률을 계산하고 IR 및 NMR을 이용하여 생성물들의 구조를 확인한다.

LABORATORY EXPERIMENTS FOR
ORGANIC CHEMISTRY

결과보고서

LABORATORY EXPERIMENTS FOR
ORGANIC CHEMISTRY

_____년 ___월 ___일 학번______________ 이름______________

1. 실험 제목

2. 실험 목적

3. 준비물

4. 실험 원리

5. 실험 방법

6. 관찰 사항

7. 결과 정리

8. 결론 및 고찰

실험 4.3 Methyl benzoate의 나이트로화

$$C_6H_5\text{-}C(=O)\text{-}OCH_3 \xrightarrow{H_2SO_4,\ HNO_3} m\text{-}O_2N\text{-}C_6H_4\text{-}C(=O)\text{-}OCH_3$$

Methyl benzoate　　　　Methyl *m*-nitrobenzoate

1. 자석젓개와 적하깔때기가 장치된 250 mL 이구둥근바닥 플라스크에 40 mL 진한 황산을 넣고 얼음중탕을 사용하여 온도를 5°C로 낮춘 다음 methyl benzoate 20.0 mL (21.7 g, 159 mmol)을 가한다.
2. 0~10°C의 온도에서 반응 혼합물을 저어주면서 적하깔때기를 통하여 진한 질산 12.5 mL (196 mmol)과 진한 황산 12.5 mL의 혼합물을 약 한 시간에 걸쳐서 천천히 가한다. 이 때 반응 혼합물의 온도는 5~15°C가 유지되도록 한다.
3. 20 분 동안 더 저어준 다음 반응 혼합물을 130 g의 얼음이 담긴 250 mL 삼각플라스크에 붓는다.
4. 형성된 고체를 여과하고 물로 씻어준다. 고체를 얼음으로 냉각한 20 cc 메탄올에서 저어주어 부생성물로 형성된 methyl *o*-nitrobenzoate를 제거한다. 고체를 거르고 메탄올에서 재결정하면 methyl *m*-nitrobenzoate가 얻어진다.
5. 수득률을 계산하고 녹는점을 측정한 다음 IR과 NMR로 구조를 확인한다.

LABORATORY EXPERIMENTS FOR
ORGANIC CHEMISTRY

결과보고서

LABORATORY EXPERIMENTS FOR
ORGANIC CHEMISTRY

_____년 ___월 ___일 학번_____________ 이름_____________

1. 실험 제목

2. 실험 목적

3. 준비물

4. 실험 원리

5. 실험 방법

6. 관찰 사항

7. 결과 정리

8. 결론 및 고찰

실험 4.4 Benzoyl chloride의 Friedel-Crafts 아실화 반응

Benzene + Benzoyl chloride (Ph–C(=O)–Cl) —$AlCl_3$→ Benzophenone

Benzoyl chloride　　　　Benzophenone

1. 자석젓개, 적하깔때기, 염화칼슘 건조관을 연결한 냉각기가 장치되어 있는 250 mL 삼구둥근바닥 플라스크에 습기를 제거한 benzene 100 mL과 $AlCl_3$ 16.0 g (120 mmol)을 현탁시킨다.
2. 반응 혼합물에 benzoyl chloride 17.0 mL (140.1 g, 100 mmol)을 천천히 가한 다음 물 중탕을 이용하여 격열하지 않게 30 분 환류시키면 염화수소 기체의 발생이 줄어든다. 3 시간 더 환류한 다음 식힌다.
3. 형성된 케톤-$AlCl_3$ 착체가 분해되도록 반응 혼합물을 50 mL의 물에 조심스럽게 붓는다.
4. 고체를 여과하고 난 다음 유기층을 분리한다. 수용액층은 1,2-dichloroethane 30 mL씩으로 두 번 추출한다. 추출액과 유기층을 모은 다음 물 50 mL, 2% NaOH로 씻고 다시 물 50 mL로 씻어준다.
5. 무수 황산마그네슘으로 습기를 제거하고 회전식 증발기를 이용하여 용매를 제거한다.
6. 감압하에서 증류하면 190°C/15 mmHg 부근에서 생성물인 benzophenone이 얻어진다.
7. 수득률을 계산하고 녹는점을 측정한 다음 IR과 NMR을 이용하여 구조를 확인한다.

주의: 반응이 진행되는 동안 염화수소 기체가 발생하므로 후드 속에서 실험하여야 한다.

LABORATORY EXPERIMENTS FOR
ORGANIC CHEMISTRY

결과보고서

LABORATORY EXPERIMENTS FOR ORGANIC CHEMISTRY

_____년 ___월 ___일 학번_______________ 이름_______________

1. 실험 제목

2. 실험 목적

3. 준비물

4. 실험 원리

5. 실험 방법

6. 관찰 사항

7. 결과 정리

8. 결론 및 고찰

실험 4.5 1-Chloro-2,4-dinitrobenzene의 친핵성 치환 반응

Cl, NO_2, NO_2 —(NH_2NH_2, ethylene glycol)→ $NHNH_2$, NO_2, NO_2

1-Chloro-2,4-dinitrobenzene 1-Hydrazino-2,4-dinitrobenzene

1. 자석젓개, 냉각관과 온도계가 장치된 250 mL 삼구둥근바닥 플라스크의 diethylene glycol 60 mL에 1-chloro-2,4-dinitrobenzene 2.6 g (12.8 mmol)을 가하여 녹인다.

2. 15~20°C에서 저어주면서 60% hydrazine hydrate 0.67 mL (0.42 g, 13.0 mmol)을 천천히 가한다. 열의 발생이 끝나고 나면 50 mL의 메탄올을 가하고 끓는 물 중탕에서 20분간 더 저어준다.

3. 식힌 다음 생성된 1-hydrazino-2,4-dinitrobenzene을 거르고 소량의 메탄올로 씻은 다음 dioxane에서 재결정한다.

4. 수득률을 구하고 녹는점을 측정한 다음 IR과 NMR을 이용하여 구조를 확인한다.

LABORATORY EXPERIMENTS FOR
ORGANIC CHEMISTRY

결과보고서

LABORATORY EXPERIMENTS FOR ORGANIC CHEMISTRY

_____년 ___월 ___일 학번______________ 이름______________

1. 실험 제목

2. 실험 목적

3. 준비물

4. 실험 원리

5. 실험 방법

6. 관찰 사항

7. 결과 정리

8. 결론 및 고찰

5 알코올, 페놀 및 에터

일반식 R−O−H인 **알코올**은 물 H−O−H의 수소 원자 한 개가 알킬기(R)로 치환된 것이다.

Methanol, ethanol 및 propanol과 같은 알코올들은 매우 중요한 유기 용매이다. 또 알코올들은 여러 가지 유기 화합물을 합성하는 출발 물질로 사용된다. Isopropanol은 항균작용이 있기 때문에 수술도구나 피부를 소독하는 데 이용된다. −OH기를 가지고 있는 화합물들에는 **페놀**(phenol)류가 포함된다. 페놀은 −OH기가 벤젠을 포함하는 방향족 고리에 결합되어 있는 화합물이다. 일반식 R−O−R인 **에터**(ether)는 물의 두 수소가 모두 알킬기로 치환된 형태를 가지고 있으며 물과 알코올의 유도체로 생각할 수 있다. 에터는 물 또는 알코올에 비해 화학 반응성이 매우 낮다. 이 때문에 에터 화합물들은 여러 가지 화학 반응의 용매로 이용된다.

C−O−C 골격이 세 원자 고리를 이루고 있는 에터인 **에폭시화물**(epoxide)은 보통 반응성이 크다.

1. 알코올의 수소 결합

알코올의 가장 중요한 물리적 성질은 하이드록시기의 극성이다. 산소와 탄소 및 산소와 수소 사이의 전기음성도의 차이가 크기 때문에 알코올의 C−O 및 O−H 결합은 극성 공유 결합이고 전자가 산소 원자 쪽으로 치우친 극성을 보여준다.

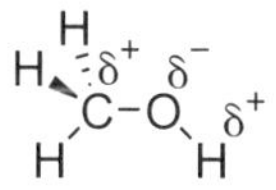

$H_3C^{\delta+}-O^{\delta-}-H^{\delta+}$

이 극성 때문에 수소 원자는 부분 양전하를 띠고 산소 원자는 부분 음전하를 띠고 있다. 이 때문에 수소 원자는 2개의 산소 원자를 연결하여 주는 수소 결합을 형성할 수 있게 된다. 액체상태에서 알코올은 여러 개의 분지기 수소 결합으로 연결된 상태로 존재한다.

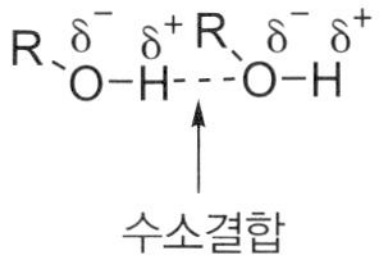

$R-O^{\delta-}-H^{\delta+}\cdots O^{\delta-}(R)-H^{\delta+}$

수소결합

알코올 분자 사이의 수소 결합의 세기는 몰 당 약 5~10 kcal 정도로 상당히 강하다. 인접한 알코올 분자들을 분리하려면 수소 결합을 깨는 데 필요한 열량을 공급해 주어야 하므로 비슷한 분자량의 탄화수소보다 끓는점이 높다.

표 5-1 대표적인 알코올과 비슷한 분자량의 알케인의 끓는점과 물에 대한 용해도.

화합물	구조식	분자량	끓는점(°C)	용해도 25°C(g/물100 g)
Methanol	CH_3OH	32	65	완전 혼합
Ethane	CH_3CH_3	33	−89	녹지 않음
Ethanol	CH_3CH_2OH	46	78	완전 혼합
Propane	$CH_3CH_2CH_3$	44	−42	녹지 않음
1-Propanol	$CH_3CH_2CH_2OH$	60	97	완전 혼합
Butane	$CH_3CH_2CH_2CH_3$	58	0	녹지 않음
1-Butanol	$CH_3CH_2CH_2CH_2OH$	74	117	8
Pentane	$CH_3CH_2CH_2CH_2CH_3$	72	36	녹지 않음

2. 알코올과 페놀의 산성도와 염기성도

알코올과 페놀의 하이드록시 기는 비공유 전자를 가지고 있기 때문에 Lewis 염기로 작용할 수 있으며 산성 용액에서 양성자화 된다. 또한 알코올은 약한 산으로도 작용한다.

표 5-2 대표적인 알코올의 pK_a값.

화합물	pK_a값
HO−H	15.7
CH_3O-H	15.5
CH_3CH_2O-H	15.9
$(CH_3)_3CO-H$	18
$ClCH_2CH_2O-H$	14.3
CF_3CH_2O-H	12.4
C_6H_5-OH (phenol)	10.0
$O_2N-C_6H_4-OH$	7.2

알콕사이드 이온은 하이드록사이드 이온보다 더 강한 염기이다. 따라서 알콕사이드 이온을 만들 때는 알코올을 NaH 또는 KH와 같은 매우 강한 염기로 처리하거나 나트륨 또는 칼륨과 같은 금속으로 처리하여야 한다.

$$R-\ddot{O}-H + NaH \longrightarrow R-\ddot{O}^- Na^+ + H_2$$

Sodium hydride Sodium alkoxide

$$R-\ddot{O}-H + K \longrightarrow R-\ddot{O}^- K^+ + 1/2H_2$$

Potasium alkoxide

$pK_a = 10.0$인 페놀은 보통의 pK_a 값이 15 이상인 알코올보다 훨씬 강한 산이기 때문에 수산화 나트륨 또는 수산화 칼륨과 같은 염기로 처리하면 쉽게 phenoxide 이온으로 전환된다.

$$C_6H_5\text{-O-H} + NaOH \rightleftharpoons C_6H_5\text{-}O^-Na^+ + H_2O$$

Phenol Sodium phenoxide

일반적으로 페놀에 전자끌개가 치환되면 phenoxide ion의 음전하를 더욱 안정화시키기 때문에 페놀 자체보다 산성도가 더 커진다. 반면 전자주개가 치환되면 음전하를 불안정하게 하기 때문에 페놀보다 산성도가 작아진다.

:Ö:⁻ 전자주개 < :Ö:⁻ < :Ö:⁻ 전자끌개

안정도 증가

OH 전자주개 < HO < HO 전자끌개

산성도 증가

3. 알코올의 제법

실험실에서는 다음과 같은 방법을 이용하여 알코올을 만든다. 즉, 1차 할로알케인과 NaOH 수용액의 S_N2 반응을 이용하면 높은 수득률로 1차 알코올을 만들 수 있다. 2차 또는 3차 할로알케인은 제거 반응을 일으키기 때문에 알코올을 만드는데 일반적으로 이용될 수 없다.

$$CH_3CH_2CH_2CH_2Br + OH^- \xrightarrow{\text{가열}} CH_3CH_2CH_2CH_2OH + Br^-$$

1-Bromobutane
1차 할로알케인

1-Butanol
1차 알코올

4. 알코올의 탈수 반응

알코올을 강산으로 처리하면 탈수 반응이 일어난다.

$$CH_3CH_2CH_2OH \xrightarrow[\text{가열}]{H_2SO_4} CH_3CH{=}CH_2 + H_2O$$

1-Propanol Propene

이 반응은 하이드록시기의 양성자화 반응으로부터 시작되며 3차 및 2차 알코올에서는 E1 메커니즘으로 진행된다. 예로, 3차 알코올인 *tert*-butyl alcohol에서는 먼저 3차 탄소 양이온인 *tert*-butyl 양이온이 형성되고 이것으로부터 양성자가 제거된다.

Propene

$$(CH_3)_3COH \xrightleftharpoons{H^+} (CH_3)_3C\overset{+}{O}H_2$$

tert-Butyl alcohol

$$(CH_3)_3C{-}\overset{+}{O}H_2 \rightleftharpoons H_3C{-}\overset{CH_3}{\underset{CH_3}{C^+}} + H_2O$$

tert-Butyl 양이온

$$H_2\ddot{O}: + H_2C(H){-}\overset{CH_3}{\underset{CH_3}{C^+}} \longrightarrow (CH_3)_2C{=}CH_2 + H_3\overset{+}{O}$$

2-Methylpropene

1차 알코올인 1-propanol에서는 하이드록시기에 양성자화가 일어난 다음 E2 메커니즘으로 진행된다.

$$CH_3CH_2CH_2OH \xrightleftharpoons{H^+} CH_3CH_2CH_2\overset{+}{O}H_2$$

1-Propanol

$$CH_3CH(H){-}\overset{H_2}{C}{-}\overset{+}{O}H_2 \xrightarrow{E2} CH_3CH{=}CH_2 + H_2O$$

Propene

비대칭 알코올의 탈수 반응에서는 Zaitsev 규칙을 따라 알킬 치환이 더 많은 알켄이 더 안정하기 때문에 더 많이 생성된다.

$$\underset{\text{2-Pentanol}}{CH_3CH_2CH_2\overset{OH}{\overset{|}{C}}HCH_3} \xrightarrow[\text{가열, E1}]{aq\text{-}H_2SO_4} \underset{\text{2-Pentene (80\%)}}{CH_3CH_2CH{=}CHCH_3} + \underset{\text{1-Pentene (5\%)}}{CH_3CH_2CH_2CH{=}CH_2}$$

5. 알코올의 할로젠화 반응

알코올을 할로젠화 수소 HX (X = Cl, Br 또는 I)로 처리하면 할로알케인 RX가 생성된다.

$$\underset{\text{3-Pentanol}}{(CH_3CH_2)_2CHOH} \xrightarrow[\text{가열}]{HBr\text{-}H_2SO_4} \underset{\text{3-Bromopentane}}{(CH_3CH_2)_2CHBr}$$

반응은 3차 알코올에서는 효과적으로 진행되지만 2차 또는 1차 알코올에서는 잘 일어나지 않는다.

R_3COH R_2CHOH RCH_2OH

3차 2차 1차

반응 속도 감소

이 때문에 1차 또는 2차 클로로알케인 또는 브로모알케인을 만들 때는 $SOCl_2$ 또는 PBr_3와 같은 할로젠화 시약들이 주로 사용된다. 이 방법들은 격렬하지 않은 조건에서 효과적으로 진행된다.

$$\underset{\text{3-Hexanol}}{CH_3CH_2CH_2\overset{OH}{\overset{|}{C}}HCH_2CH_3} \xrightarrow{SOCl_2} \underset{\text{3-Chlorohexane}}{CH_3CH_2CH_2\overset{Cl}{\overset{|}{C}}HCH_2CH_3}$$

$$\text{Cyclohexanol (C}_6\text{H}_{11}\text{–OH)} \xrightarrow{PBr_3} \text{Bromocyclohexane (C}_6\text{H}_{11}\text{–Br)}$$

6. 알코올의 산화

알코올의 가장 중요한 반응 중의 하나가 산화 반응이다. 1차 알코올을 강한 산화제인 H_2CrO_4로 처리하면 알데하이드를 거쳐 카복시산으로 산화된다. 중간체로서 생성되는 알데하이드는 알코올보다 더 빠르게 산화되기 때문에 분리되지 않는다.

$$CH_3CH_2CH_2CH_2OH \xrightarrow[KMnO_4]{H_2CrO_4 \text{ 또는}} [CH_3CH_2CH_2\overset{O}{\overset{\|}{C}}H] \longrightarrow CH_3CH_2CH_2CO_2H$$

1-Butanol Butanal Butanoic acid

1차 알코올을 알데하이드로 산화시킬 때는 pyridinium chlorochromate (PCC)의 CH_2Cl_2 용액을 사용하는 것이 효과적이다.

$$CH_3(CH_2)_5CH_2OH \xrightarrow{PCC} CH_3(CH_2)_5\overset{O}{\overset{\|}{C}}H \quad PCC = C_5H_5\overset{+}{N}H\ ClCrO_3^-$$

1-Heptanol 1-Heptanal

2차 알코올은 묽은 황산과 아세톤의 혼합 용매 녹인 CrO_3로 처리하면 높은 수득률로 케톤으로 전환된다. 이 CrO_3 용액은 **Jone's 시약**이라고 부른다.

Cyclohexanol (H, OH) —Jones 시약→ Cyclohexanone (=O)

Cyclohexanol Cyclohexanone

3차 알코올은 보통의 산화제에 의해 산화되지 않는다.

7. 페놀의 반응

페놀은 산 촉매 존재 하의 탈수 반응이나 할로젠화 반응을 일으키지 않는다. 그러나 염기에 의해 생성된 phenoxide 이온은 좋은 친핵체이기 때문에 쉽게 입체 장애가 적은 할로알케인과 S_N2 반응을 일으킨다.

$$C_6H_5O^-Na^+ + CH_3I \xrightarrow{S_N2} C_6H_5OCH_3 + NaI$$

Sodium phenoxide Methyl iodid Methoxybenzene (anisole)

하이드록시기는 *오쏘-파라-* 지향성이며 강한 활성화기로 작용하기 때문에 페놀 화합물들은 빠르게 친전자성 치환 반응을 일으킨다

OH Br *o*-Bromophenol + OH Br *p*-Bromophenol

Br_2-$FeBr_3$ ← OH → HNO_3

OH NO_2 *o*-Nitrophenol + OH NO_2 *p*-Nitrophenol

페놀의 일종인 hydroquinone은 쉽게 산화되어 노란색의 1,4-benzoquinone으로 전환된다. 또 1,4-benzoquinone은 쉽게 hydroquinone으로 환원된다.

Hydroquinone ⇌ Benzoquinone ($Na_2Cr_2O_7$ / $NaBH_4$)

Hydroquinone은 benzoquinone으로 산화되면서 빛에 노출되지 않은 AgBr을 금속 은으로 환원시킨다. 이 성질은 흑백사진 현상에 이용된다.

Hydroquinone $\xrightleftharpoons{2Ag^+}$ Benzoquinone + $2Ag^0$ + $2H^+$

Ubiquinone이라고 부르는 Coenzyme Q는 benzoquinone 유도체이며 세포의 미토콘드리아에서 발견된다. 이것은 생체 내 산화-환원 반응에서 전자를 전달하는 중요한 역할을 수행한다.

$$H_3CO, H_3CO, CH_3, R \text{ (quinone)} \underset{-2e^-,\ -2H^+}{\overset{+2e^-,\ +2H^+}{\rightleftharpoons}} H_3CO, H_3CO, CH_3, R, OH, OH \text{ (hydroquinone)}$$

Coenzyme Q (ubiquinone)
산화된 형태

Coenzyme Q
환원된 형태

8. 에터의 합성: Williamson 에터 합성법

알코올을 나트륨 또는 칼륨 금속으로 처리하여 만든 알콕사이드를 할로알케인과 반응시키면 에터가 얻어지는데, 이 방법을 **Williamson 에터 합성법**이라고 한다. Williamson 에터 합성 반응은 S_N2 메커니즘으로 진행되기 때문에 기질인 할로알케인의 입체 장애가 작아야 한다

$$(CH_3)_3C-O^-K^+ + H_3C-I \xrightarrow{S_N2} (CH_3)_3C-OCH_3 + KI$$

Potassium *t*-butoxide

Methyl iodide
입체장애 작음

t-Butyl methyl ether

입체 장애가 클 때는 E2 반응이 일어나 알켄이 형성된다.

$$CH_3O^-Na^+ + H_2C(H)-C(CH_3)_2-I \xrightarrow{E_2} H_2C=C(CH_3)_2 + KI + CH_3OH$$

Sodium methoxide

t-Butyl iodid
입체 장애 큼

2-Methylpropene

9. 에터의 산 분해 반응

에터의 산소는 비공유 전자를 가지고 있기 때문에 Lewis 염기로 작용할 수 있지만 반응성이 매우 낮다. 환원 반응이나 제거 반응을 하지 않으며 염기의 영향을 거의 받지 않는다. 그러나 HI 또는 HBr과 같은 강한 산으로 처리하면에터 결합이 분해되어 알코올과 할로알케인이 생성된다.

$$CH_3CH_2OCH_2CH_3 + HBr \longrightarrow CH_3CH_2Br + CH_3CH_2OH$$

이 반응은 알코올과 HBr의 반응 메커니즘과 비슷하게 진행된다. 먼저 산소에 양성자화가 일어난 다음 친핵체인 Br^-가 S_N1 또는 S_N2 메커니즘을 따라 기질을 공격한다.

$$CH_3CH_2\text{-}\ddot{O}\text{-}CH_2CH_3 \rightleftharpoons CH_3CH_2\text{-}\overset{H}{\underset{..}{O^+}}\text{-}CH_2CH_3$$

$$CH_3CH_2\text{-}\overset{H}{\underset{..}{O^+}}\text{-}CH_2CH_3 + Br^- \xrightarrow{S_N2} CH_3CH_2Br + CH_3CH_2OH$$

10. Oxacyclopropane의 고리열림 반응

정상적인 sp^3 결합각을 가지고 있지 못한 oxacyclopropane에도 cyclopropane과 마찬가지로 상당히 큰 각 스트레인이 있다. 뿐만 아니라 C−O 결합의 극성도 크기 때문에 oxacyclopropane은 다른 에터 화합물보다 반응성이 훨씬 크다.

δ⁻ :O: ~60° δ⁺ δ⁺

큰 각 스트레인과 극성

세 원자고리가 열리면 각스트레인이 제거되기 때문에 oxacyclopropane은 쉽게 친핵체의 공격을 받아 **고리열림 반응**(ring opening reaction)을 한다. 이 반응은 보통 염기 또는 산 촉매 존재 하에서 진행된다.

염기촉매 존재 하에서는 전형적인 S_N2 반응에서 보았던 것처럼 친핵체가 입체 장애가 작은 쪽 탄소를 공격한다.

$H_3C-\underset{H}{C}-CH_2$ (O 고리) ← 입체 장애가 작은 탄소 ← $Nu:^-$

2-Methyloxacyclopropane

$$H_3C-\underset{H}{C}-CH_2(O) + OH^- \longrightarrow CH_3\overset{O^-}{C}HCH_2OH$$

$$CH_3\overset{O^-}{C}HCH_2OH + H\text{-}OH \longrightarrow CH_3\overset{OH}{C}HCH_2OH + OH^-$$

1,2-Propanediol

산 촉매 존재 하에서는 먼저 oxacyclopropane의 산소에 양성자화가 일어난다. 양성자화된 oxacyclopropane은 물과 같은 약한 친핵체의 공격을 쉽게 받을 수 있다. 양성자화된

oxacyclopropane은 부분적인 탄소 양이온의 성격을 가지고 있기 때문에 치환이 많은 탄소에서 반응이 일어난다.

$H_3C-C(CH_3)(O)-CH_2$ + H_3O^+ ⇌ $H_3C-C^{\delta+}(CH_3)-O^{\delta+}(H)-CH_2$ + H_2O

3차 탄소 양이온과 비슷
친핵체가 이 탄소를 공격

2,2-Dimethyloxacyclopropane

$H_3C-C^{\delta+}(CH_3)-O^{\delta+}(H)-CH_2$ + H_2O ⟶ $H_3C-C(CH_3)(O^+H_2)-CH_2OH$

$H_3C-C(CH_3)(O^+H_2)-CH_2OH$ + H_2O ⇌ $H_3C-C(CH_3)(OH)-CH_2OH$ + H_3O^+

2-Methyl-1,2-propandiol

11. 알코올, 페놀 및 에터의 황 유사체

알코올의 황 유사체는 R−SH이고 **싸이올**(thiol) 또는 **머캅탄**(mercaptan)이라고 한다. −SH기는 **머캅토**(mercapto)기라고 한다. 싸이올은 alkanethiol로 이름 짓는다.

CH_3CH_2SH

Ethanthiol Cyclopentanethiol *o*-Mercaptobenzoic acid

에터의 황 유사체는 **설파이드**(sulfide) 또는 황화물이라고 한다. 보통 이름을 지을 때는 에터와 마찬가지로 알킬기 또는 아릴기를 알파벳 순서로 적고 sulfide라고 하는 단어를 붙인다. RS기는 alkylthio- 또는 arylthio-, RS^-는 alkanethiolate 또는 arenethiolate라고 한다.

$CH_3CH_2SCH_2CH_3$ $CH_3CH_2S-C_6H_5$ $CH_3CH_2CH_2S^-$

Diethyl sulfide Ethyl phenyl sulfide Propanethiolate

싸이올과 설파이드는 일반적으로 매우 불쾌한 냄새가 난다. 스컹크의 악취는 3-methyl-1-butanethiol과 같은 낮은 분자량의 싸이올 때문이다. 황원자는 산소보다 전기음성도가 작기 때문에 산소보다 약한 수소 결합을 형성한다. 이 때문에 싸이올은 알코올 유사체보다 끓는점과 녹는점이 낮다.

보통 싸이올은 할로알케인과 황화수소 이온(HS^-)의 S_N2 반응을 통해 얻을 수 있다.

$$CH_3(CH_2)_4CH_2Br + NaSH \longrightarrow CH_3(CH_2)_4CH_2SH$$

Bromohexane Sodium hydrogen sulfide Hexanethiol

설파이드 화합물은 Williamson 에터 합성법과 비슷한 방법으로 alkanethiolate와 1차 또는 2차 할로알케인을 S_N2 반응시키면 얻어진다.

$$C_6H_5SNa + CH_3(CH_2)_4CH_2\text{-}Br \longrightarrow C_6H_5SCH_2(CH_2)_4CH_3 + NaBr$$

Sodium benzenethiolate Bromohexane Hexyl phenyl sulfide

싸이올을 I_2와 같이 온화한 산화제로 처리하면 S-S 결합을 가지고 있는 **이황화물**(disulfide)이 생성된다. 이황화물을 액체 암모니아 속에서 리튬으로 처리하면 싸이올로 환원된다.

$$CH_3CH_2CH_2SH + I_2 \longrightarrow CH_3CH_2CH_2SSCH_2CH_2CH_3 + HI$$

Propanethiol Dipropyl disulfide

$$CH_3CH_2CH_2SSCH_2CH_2CH_3 \xrightarrow{\text{Li-액체 } NH_3} CH_3CH_2CH_2SH$$

실험 5.1 Acetophenone의 환원

$$\text{Acetophenone} \xrightarrow{NaBH_4/\text{glycerol}} \text{1-Phenylethanol}$$

Acetophenone　　　1-Phenylethanol

1. 자석젓개가 장치된 50 mL 이구둥근바닥 플라스크의 Glycerol 10 mL에 acetophenone 1.0 mL (1.0 g, 8.3 mmol)을 녹인다.
2. Sodium borohyride 0.16 g (4.2 mmol)을 가하고 1 시간 동안 저어준 다음 0.5 *N*-묽은 황산 1 mL을 가한다.
3. 반응 혼합물을 분액 깔때기로 옮긴 다음 30 mL 씩의 디에틸 에터를 이용하여 두 번 추출한다.
4. 회전식 증발기를 이용하여 용매를 날려보내고 증류하면 204°C 부근에서 생성물인 1-phenylethanol이 얻어진다.
5. IR 및 NMR을 이용하여 생성물의 구조를 확인한다.

결과보고서

LABORATORY EXPERIMENTS FOR ORGANIC CHEMISTRY

_____년 ___월 ___일 학번_____________ 이름_____________

1. 실험 제목

2. 실험 목적

3. 준비물

4. 실험 원리

5. 실험 방법

6. 관찰 사항

7. 결과 정리

8. 결론 및 고찰

실험 5.2 Phenol의 에터화 반응

$$C_6H_5OH + (H_3CO)_2SO_2 \xrightarrow{NaOH} C_6H_5OCH_3 + NaO\text{-}SO_2\text{-}OCH_3 + H_2O$$

Phenol Dimethyl sulfate Anisole

1. 적하깔때기와 냉각기가 장치된 200 mL 이구둥근바닥 플라스크에 phenol 10.0 mL (10.0 g, 100 mmol), NaOH 4.0 g (100 mmol) 및 물 40 mL을 넣는다.
2. 얼음중탕을 이용하여, 반응 혼합물을 10°C로 냉각시킨다.
3. 적하깔때기를 이용하여, dimethyl sulfate 9.4 mL (12.6 g, 100 mmol) 를 1 시간 동안 매우 천천히 가한다.
4. 얼음중탕과 적하깔때기를 제거하고 냉각기를 장치한 다음 기름중탕을 이용하여 15 시간 동안 환류시킨다.
5. 반응 혼합물을 실온으로 냉각시킨 다음 10 mL의 물을 가한다.
6. 분액 깔때기로 옮긴 다음 50 mL씩의 디에틸 에터로 두 번 추출하여 모은 유기층을 무수 황산마그네슘으로 수분을 제거한다.
7. 증류하면 154°C 부근에서 생성물인 anisole이 분리된다.
8. 수득률을 계산하고 IR과 NMR을 이용하여 구조를 확인한다.

LABORATORY EXPERIMENTS FOR
ORGANIC CHEMISTRY

결과보고서

LABORATORY EXPERIMENTS FOR ORGANIC CHEMISTRY

_____년 ___월 ___일 학번______________ 이름______________

1. 실험 제목

2. 실험 목적

3. 준비물

4. 실험 원리

5. 실험 방법

6. 관찰 사항

7. 결과 정리

8. 결론 및 고찰

6 알데하이드와 케톤

카보닐기(carbonyl group)는 유기 화학에서 가장 중요한 작용기 중의 하나이다. 카보닐기를 가지고 있는 화합물들을 **카보닐 화합물**(carbonyl compounds)이라고 한다.

가장 간단한 알데하이드인 formaldehyde는 카보닐기의 양쪽에 두 개의 수소 원자가 결합되어 있다. 그 밖의 다른 모든 알데하이드의 카보닐기에는 한 개의 수소 원자와 한 개의 알킬기 또는 아릴기가 결합되어 있다. 케톤은 카보닐기에 두 개의 알킬 또는 아릴기가 결합되어 있다.

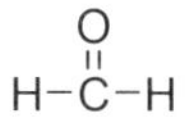

$$H-\overset{O}{\overset{\|}{C}}-H$$

Formaldehyde

$$R-\overset{O}{\overset{\|}{C}}-H \quad \text{또는} \quad RCHO \qquad R-\overset{O}{\overset{\|}{C}}-R \quad \text{또는} \quad RCOR \quad (R = \text{알킬기 또는 아릴기})$$

알데하이드 케톤

1. 카보닐기의 구조

카보닐기의 탄소-산소 이중결합은 알켄의 탄소-탄소 이중 결합과 비슷한 구조를 가지고 있다. 가장 간단한 알데하이드인 formaldehyde의 구조를 예로 들어 카보닐기를 설명하면 다음과 같다.

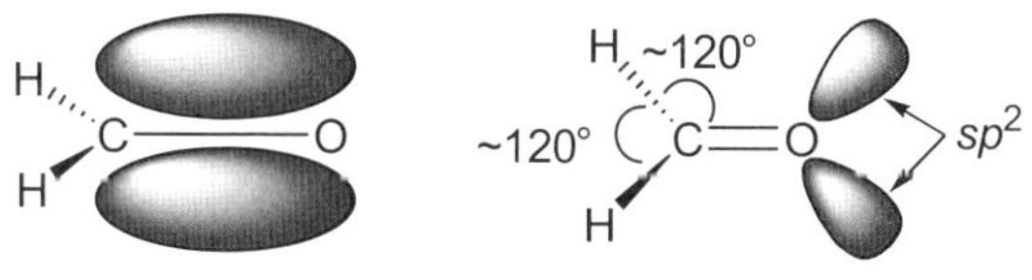

H H C O ~120° ~120° sp^2

Formaldehyde의 구조

카보닐기의 sp^2 혼성 탄소는 sp^2 산소 원자에 각각 한 개씩의 σ 결합과 π 결합으로 연결되어 있다. 카보닐탄소의 세 σ 결합들은 같은 평면에서 거의 120° 각을 이루고 있다. 탄소와 산소를 연결하는 π 결합은 이들 σ 결합의 위와 아래에 놓여 있다. 산소 원자에 있는 두 쌍의 비공유전자들은 산소의 sp^2 혼성궤도에 들어 있다. 카보닐기는 분극되어 있고 π 결합과 σ 결합 전자들은 전기음성도가 큰 산소 원자 쪽으로 치우쳐 있으며 카보닐 탄소에는 부분 양전하가 걸려있다.

$$\left[>C=\ddot{\underset{..}{O}} \longleftrightarrow >\overset{+}{C}-\ddot{\underset{..}{O}}:^{-} \right] \equiv >\overset{\delta^+}{C}=\overset{\delta^-}{\underset{..}{O}}$$

극성 공명 구조 　　 분극된 구조

2. 알데하이드 및 케톤의 제법

실험실에서 알데하이드와 케톤을 만들 때 가장 일반적으로 사용하는 방법은 알코올의 산화이다. 1차 알코올을 PCC로 처리하면 알데하이드로 산화되며 2차 알코올을 H_2CrO_4로 처리하면 케톤으로 산화된다.

$$CH_3(CH_2)_3CH_2CH_2OH + PCC \longrightarrow CH_3(CH_2)_3CH_2\overset{O}{\overset{\|}{C}}H$$

1-Hexanol 　　 Hexanal

Hexanol + Chromic acid (H_2CrO_4) ⟶ Cyclohexanone

Hexanol 　　 Chromic acid 　　 Cyclohexanone

아릴 케톤은 Friedel-Crafts 아실화 반응을 이용하면 쉽게 얻을 수 있다.

$$O_2N-C_6H_4-CH_3 + CH_3\overset{O}{\overset{\|}{C}}Cl \xrightarrow{AlCl_3} O_2N-C_6H_3(CH_3)(\overset{O}{\overset{\|}{C}}CH_3)$$

4-Nitrotoluene 　　 2-Methyl-4-nitroacetophenone

Methyl ketone은 Hg^{2+}이온과 산으로 이루어진 촉매 존재 하에서 말단 알카인을 수화반응시키면 쉽게 얻어진다.

$$CH_3(CH_2)_4C\equiv CH \xrightarrow[H_2O]{H^+,\ Hg^{2+}} CH_3(CH_2)_4\overset{O}{\overset{\|}{C}}CH_3$$

1-Heptyne 　　 2-Heptanone

3. 친핵성 아실 첨가 반응

카보닐 탄소에 부분 양전하가 걸려 있기 때문에 알데하이드와 케톤은 카보닐 탄소에서 친핵체의 공격을 받아 첨가 생성물을 형성하는 **친핵성 아실 첨가 반응**(nucleophilic acyl addition reaction)을 일으킨다.

친핵체가 카보닐 탄소를 공격하고 C=O 결합의 π 결합 전자는 전기음성도가 큰 산소 쪽으로 이동하면 음이온 중간체가 형성된다. 이 중간체는 물 또는 알코올과 같은 용매나 산에 의해 양성자화 된다.

$$:Nu^- + R_2C^{\delta+}{=}O^{\delta-} \rightleftharpoons Nu{-}CR_2{-}O^- \underset{-H^+}{\overset{H^+}{\rightleftharpoons}} Nu{-}CR_2{-}OH$$

친핵체의 반응성이 작을 때는 산 촉매의 존재를 필요로 한다. 산이 카보닐 산소를 양성자화하면 공명 안정화된 탄소 양이온이 형성된다. 양전하 밀도가 커진 카보닐 탄소는 친핵체에 대해 크게 증가된 반응성을 보여준다.

$$R_2C{=}O \underset{-H^+}{\overset{H^+}{\rightleftharpoons}} \left[R_2C{=}\overset{+}{O}H \longleftrightarrow R_2\overset{+}{C}{-}OH\right] + :Nu^- \longrightarrow Nu{-}CR_2{-}OH$$

알킬기는 수소보다 전자를 주는 능력과 입체 장애가 더 크다. 카보닐기에 결합되어 있는 알킬기의 수가 증가하면 카보닐기의 양전하 밀도는 감소하고 입체 장애는 증가한다. 이 때문에 친핵체에 대한 반응성은 일반적으로 알데하이드보다 케톤이 더 작다.

반응성 감소

$$H{-}\overset{O}{\overset{\|}{C}}{-}H > R{-}\overset{O}{\overset{\|}{C}}{-}H > R{-}\overset{O}{\overset{\|}{C}}{-}R$$

Formaldehyde 알데하이드 케톤

4. 물의 첨가 반응

카보닐기에 물이 첨가되면 **수화물**(hydrate)이 생성되는데 중간체의 양으로 하전된 산소로부터 양성자가 제거되고 음으로 하전된 산소가 양성자화 되면 같은 자리 다이올이 형성된다.

$$R{-}\overset{:O:}{\overset{\|}{C}}{}^{\delta+}{-}R + H_2\ddot{O}: \rightleftharpoons R{-}\overset{:\ddot{O}:^-}{C}{-}R\ (\overset{+}{O}H_2) \rightleftharpoons R{-}C(:\ddot{O}H)_2{-}R$$

같은자리 다이올

일반적으로 카보닐 화합물의 구조는 평형에 큰 영향을 미친다. 카보닐 탄소의 양전하 밀도가 클수록 입체 장애가 작을수록 평형은 수화물에 유리하다. 즉, 케톤보다 알데하이드의 수화물이 훨씬 더 많이 형성된다.

염기 또는 산 촉매가 존재하면 물의 첨가 반응 속도는 크게 증가한다. 염기 촉매는 물을 하이드록시 이온으로 전환시키고 산 촉매는 카보닐 탄소의 양전하 밀도를 증가시킴으로써 반응 속도를 증가시킨다. 염기 촉매 존재 하에서는 하이드록시 이온이 카보닐 탄소를 공격하고 hydroxyalkoxide 중간체가 형성된다. 이 중간체가 물로부터 양성자를 취하면 수화물이 생성되고 촉매인 하이드록시 이온은 재생된다.

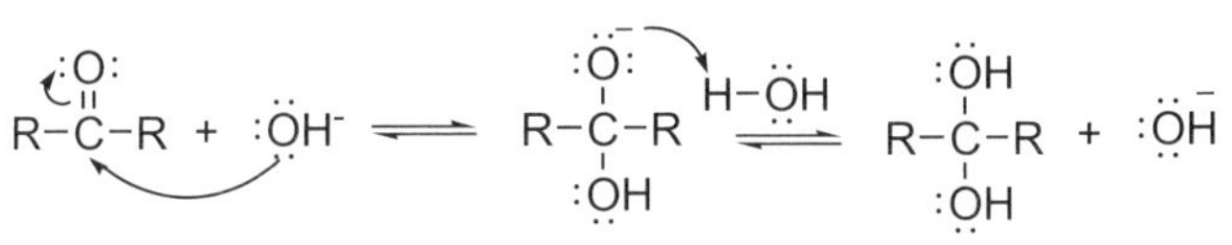

hydroxyalkoxide
중간체

산 촉매 존재 하에서는 먼저 카보닐 산소에 양성자화가 일어난다. 물이 카보닐 탄소를 공격하면 **옥소늄 이온**(oxonium ion) 중간체가 형성된다. 양성자가 제거되면 중성인 수화물이 생성되고 산 촉매가 재생된다.

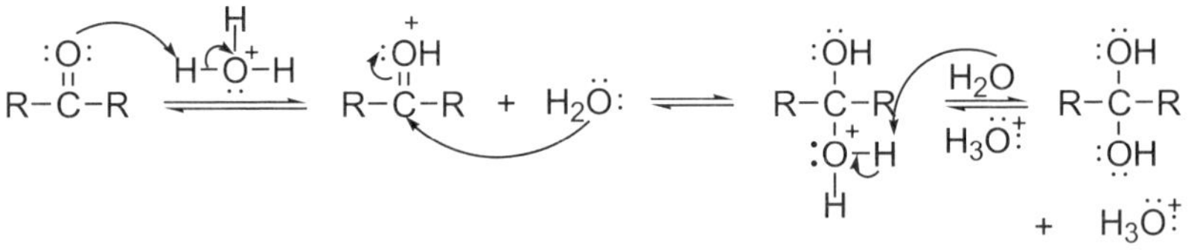

5. 알코올 첨가 반응

물과 마찬가지로 알코올도 카보닐기에 친핵성 첨가된다. 알데하이드에 알코올 한 분자가 첨가되면 **반아세탈**(hemiacetal)이 형성되고 두 분자의 알코올이 첨가되면 **아세탈**(acetal)이 생성된다. 이 반응들은 흔적량의 산 촉매 작용을 받는다. 카보닐 화합물이 알데하이드 대신 케톤일 때 첨가 생성물은 **반케탈**(hemiketal)과 **케탈**(ketal)이다.

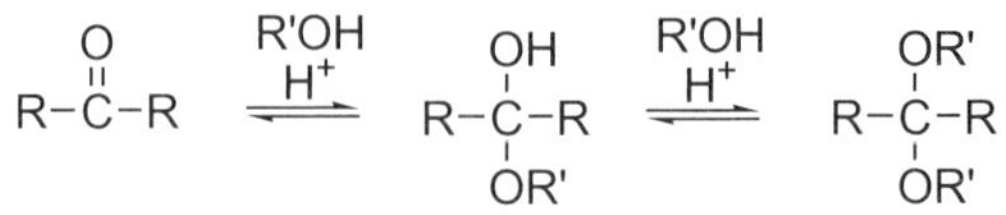

알데하이드
(케톤)

반아세탈
(반케탈)

아세탈
(케탈)

알데하이드 또는 케톤과 알코올의 반응도 전과정이 가역적으로 진행된다. 이 반응의 메커니즘에서는 산소를 포함하고 있는 기들의 양성자화와 양성자 제거가 반복된다. 산 촉매 존재

하에서 일어나는 많은 카보닐 화합물의 첨가 반응들이 비슷한 메커니즘으로 진행된다.

카보닐 산소가 산에 의해 양성자화 되면 카보닐 탄소에 대한 알코올의 첨가가 쉬워진다. 양성자화된 반아세탈로부터 양성자가 제거되면 반아세탈이 형성된다.

$$R-\underset{}{C}(=\ddot{O}:)-H \underset{}{\overset{H^+}{\rightleftharpoons}} R-C(=\ddot{O}H^+)-H + R'\ddot{O}H \rightleftharpoons R-C(OH)(H\ddot{O}^+R')-H \underset{H^+}{\overset{-H^+}{\rightleftharpoons}} R-C(OH)(:\ddot{O}R')-H$$

양성자화된 반아세탈　　반아세탈

반아세탈의 두 산소 원자들 중 어느 한 곳이 양성자화 되면 그 곳으로부터 물이 제거되면서 매우 반응성이 큰 중간체가 형성된다.

$$R-C(:\ddot{O}H)(:\ddot{O}R')-H \overset{H^+}{\rightleftharpoons} R-C(\overset{+}{O}H_2)(:\ddot{O}R')-H \rightleftharpoons R-C(=\ddot{O}^+R')-H + H_2\ddot{O}:$$

두 번째 알코올 분자가 이 중간체의 카보닐기에 첨가되고 양성자가 제거되면 아세탈이 생성된다.

$$R-C(=\ddot{O}^+R')-H + R'\ddot{O}H \rightleftharpoons H_3C-C(:\ddot{O}R')(H-\ddot{O}^+R')-H \underset{H^+}{\overset{-H^+}{\rightleftharpoons}} R-C(:\ddot{O}R')(:\ddot{O}R')-H$$

아세탈

알코올 첨가 반응의 평형은 일반적으로 알데하이드에 유리하기 때문에 평형에서는 보통 다량의 알데하이드와 소량의 반아세탈 및 아세탈이 존재한다. 일반적으로 반아세탈은 분리될 수 없다. 그러나 아세탈은 산성이 아닌 용액에서는 안정하므로 분리될 수 있다. 반응 조건을 조절하면 아세탈이 형성되도록 하거나 알데하이드 쪽으로 역반응을 일으키게 할 수 있다. 아세탈을 얻으려면 과량의 알코올을 사용하거나 생성되는 물을 제거해 주면 된다. 알데하이드 쪽으로 진행되게 하려면 산 촉매 존재 하에서 과량의 물을 가해 주면 된다.

만약 산이 존재하지 않는다면 다섯 원자 또는 여섯 원자 고리구조를 가지고 있는 아세탈은 특히 안정하다.

$$CH_3CH_2CH_2CH{=}O + HOCH_2CH_2OH \overset{H^+}{\rightleftharpoons} \text{(1,3-dioxolane: H, } CH_2CH_2CH_3\text{)} + H_2O$$

1-Butanal　　1,2-Ethanediol　　고리형 아세탈 안정함

이 때문에 다섯 또는 여섯 원자 고리형 아세탈은 염기성 조건 등에서 알데하이드 또는 케톤의 **보호기**(protecting group)로 이용된다. 예로, 알데하이드와 이중 결합이 동시에 존재하는 화합물에서 이중 결합만 산화시키려 할 때는 알데하이드를 고리형 아세탈로 보호하고 산화제로 처리한다. 산화가 끝난 다음 산 수용액으로 처리하면 알데하이드가 복원된다.

$$H_3CHC{=}CHCHO + HOCH_2CH_2OH \xrightleftharpoons{H^+} H_3CHC{=}CHCH(OCH_2CH_2O)$$

2-Butenal (crotonaldehyde) — 아세탈로 보호된 알데하이드

$$H_3CHC{=}CHCH(OCH_2CH_2O) \xrightarrow{MnO_4^-, OH^-} CH_3CH(OH)CH(OH)CH(OCH_2CH_2O) \xrightleftharpoons{H_2O,\ H^+} CH_3CH(OH)CH(OH)CHO$$

2,3-Dihydroxybutanal

6. 친핵성 첨가-제거 반응

알데하이드 케톤에서 친핵성 첨가 반응이 일어난 다음 물이 제거되는 반응을 **친핵성 첨가-제거 반응**(nucleophilic addition-elimination reaction)이라고 한다. 카보닐 탄소를 공격한 원자가 비공유전자쌍을 가지고 있고 첨가 생성물이 불안정할 때 이 반응이 일어난다.

$$\ddot{N}u{-}CR_2{-}OH \underset{-H^+}{\overset{H^+}{\rightleftharpoons}} \ddot{N}u{-}CR_2{-}\overset{+}{O}H_2 \rightleftharpoons R_2C{=}Nu^+ + H_2O$$

불안정

주로 암모니아나 암모니아 유도체들이 산 촉매 존재 하에서 이 반응을 일으킨다. 생성된 화합물을 **이민**(imine)이라고 하며 이민의 C=N 결합을 **이미노기**(imino group)라고 부른다.

$$R{-}\overset{O}{\overset{\|}{C}}{-}R + R'NH_2 \xrightleftharpoons{H^+} R_2C{=}NR' + H_2O$$

알데하이드 또는 케톤 — 암모니아 유도체 — 이민

암모니아로부터 형성된 이민은 불안정하여 분리될 수 없다. 1차 아민(RNH_2)으로부터 생성된 이민은 보다 안정하며 이것을 **Schiff 염기**라고 부른다. Hydroxylamine으로부터 얻어진 이민은 **옥심**(oxime)이라고 하고 하이드라진(hydrazine)으로부터 얻어진 이민은 **하이드라존**(hydrazone)이라고 한다.

$$CH_3CH_2\overset{O}{\overset{\|}{C}}CH_3 + H_2N\text{-}C_6H_5 \rightleftharpoons (H_3CH_2C)(H_3C)C{=}N\text{-}C_6H_5$$

Schiff 염기

$$C_6H_5\text{-}\overset{O}{\overset{\|}{C}}H + NH_2OH \rightleftharpoons C_6H_5\text{-}\overset{H}{C}{=}NOH$$

hydroxylamine 옥심

$$C_6H_{10}{=}O + NH_2NH_2 \rightleftharpoons C_6H_{10}{=}NNH_2$$

하이드라진 하이드라존

이민 형성의 메커니즘은 두 단계로 이루어져 있다. 첫 번째 단계에서는 친핵체인 아민이 부분 양전하를 가지고 있는 카보닐 탄소에 첨가된 다음 질소 원자로부터 양성자가 제거되고 산소가 양성자를 얻는다.

$$R\text{-}\overset{:\ddot{O}:}{\overset{\|}{C}}\text{-}R + \ddot{N}H_2R' \rightleftharpoons R\text{-}\overset{:\ddot{O}:^-}{\overset{|}{C}}\text{-}R\ (H\overset{+}{N}HR') \underset{H^+}{\overset{-H^+}{\rightleftharpoons}} R\text{-}\overset{:\ddot{O}H}{\overset{|}{C}}\text{-}R\ (NHR')$$

두 번째 단계에서 OH기가 양성자화 되고 제거 단계에서 물이 제거되면 반응이 종결된다.

$$R\text{-}\overset{:\ddot{O}H}{\overset{|}{C}}\text{-}R\ (NHR') \overset{H^+}{\rightleftharpoons} R\text{-}\overset{:\overset{+}{O}H_2}{\overset{|}{C}}\text{-}R\ (\ddot{N}HR') \overset{-H_2O}{\rightleftharpoons} R_2C{=}\overset{+}{N}HR' \overset{-H^+}{\rightleftharpoons} R_2C{=}NR'$$

7. 산화-환원

케톤은 쉽게 산화되지 않지만 알데하이드를 산 촉매 존재 하에서 CrO_3과 같은 산화제로 처리하면 쉽게 카복시산으로 산화된다.

$$CH_3CH_2\overset{O}{\overset{\|}{C}}CH_3 \xrightarrow{CrO_3,\ H^+} \text{반응 안함}$$

2-Butanone

$$CH_3CH_2CH_2CH_2\overset{O}{\overset{\|}{C}}H \xrightarrow{CrO_3,\ H^+} CH_3CH_2CH_2CH_2\overset{O}{\overset{\|}{C}}OH$$

Pentanal

알데하이드는 Ag^+와 같이 약한 산화제에 의해서도 쉽게 산화된다. Ag^+를 묽은 암모니아 수용액에 녹여 만든 **Tollens 시약**(은-암모니아 착체)으로 알데하이드를 처리하면 알데하이드는 카복시산 음이온으로 산화되고 금속 은이 생성된다. 생성된 금속 은은 유기 벽면에 은 거울을 형성하기 때문에 알데하이드의 검출에 이용된다. 여러 가지 현대적인 분석법의 개발로 지금은 더 이상 Tollens 시약이 알데하이드의 검출에 이용되지 않지만 은거울을 만들 때는 이 방법이 사용된다.

$$\mathrm{RCHO} + \mathrm{Ag(NH_3)_2^+} \xrightarrow{\mathrm{OH^-}} \mathrm{RCOO^-} + \mathrm{Ag}$$

Tollens 시약 은거울

알데하이드와 케톤은 각각 1차 및 2차 알코올로 쉽게 환원된다. 환원제로는 전이금속 촉매 존재 하에서의 수소, 수소화붕소 소듐($NaBH_4$) 또는 수소화알루미늄 리튬($LiAlH_4$) 등이 자주 사용된다.

$$\mathrm{CH_3CH_2CH_2CHO} + \mathrm{H_2} \xrightarrow{\mathrm{Pt}} \mathrm{CH_3CH_2CH_2CH_2OH}$$

Butanal

n-Butanol
1°알코올

$$\text{Cyclohexanone} \xrightarrow[\text{2. } \mathrm{H_3O^+}]{\text{1. } \mathrm{LiAlH_4}} \text{Cyclohexanol}$$

Cyclohexanone

Cyclohexanol
2°알코올

KOH와 같은 강한 염기 존재 하에서 알데하이드 또는 케톤을 하이드라진으로 처리하면 카보닐기가 메틸렌으로 환원된다($R_2C{=}O \rightarrow R_2CH_2$). **Wolff-Kishner 반응**이라고 하는 이 반응은 반응 용기 내에서 하이드라존 중간체가 형성된 다음 질소 단위가 제거되면서 알칸으로 전환된다.

$$\mathrm{C_6H_5C(=O)CH_3} \xrightarrow[\mathrm{KOH}]{\mathrm{NH_2NH_2}} [\mathrm{C_6H_5C(=NNH_2)CH_3}] \longrightarrow \mathrm{C_6H_5CH_2CH_3}$$

Acetophenone 하이드라존 Ethylbenzene

8. Grignard 시약과의 반응

에터 용매에서 알킬, 아릴 또는 비닐의 아이오딘 또는 염소 화합물을 금속 마그네슘으로 처리하면 Grignard 시약이 얻어진다. Grignard 시약이 탄소 음이온(R:⁻)처럼 작용하여 카보닐기에 친핵성 첨가되면 카보닐기는 하이드록시기로 환원된다. 반응은 카보닐 화합물에 대한 Grignard 시약의 첨가와 생성된 할로마그네슘 알콕사이드를 산 수용액으로 가수분해 하는 두 단계로 이루어져 있으며 비가역적으로 진행된다.

(X = Br, I)

$$-\overset{|}{\underset{|}{C}}(O^{-}\,{}^{+}MgX)(R)- \xrightarrow{H_3O^+} -\overset{|}{\underset{|}{C}}(OH)(R)- + Mg^{2+} + H_2O + X^-$$

마그네슘
알콕사이드

Grignard 시약과 알데하이드 케톤의 반응을 이용하면 여러 가지 알코올을 효과적으로 합성할 수 있다. 예로, Grignard 시약을 formaldehyde와 반응시키면 1차 알코올이 생성된다.

1. H−C(=O)−H (formaldehyde)
2. H_3O^+

Phenylmagnesium bromide → Benzyl alcohol (1차 알코올)

알데하이드와의 반응에서는 2차 알코올이 생성되고 케톤에서는 3차 알코올이 생성된다.

1. $H_3C-C(=O)-H$ (acetaldehyde)
2. H_3O^+

→ 1-Phenylethanol
2차 알코올

1. $H_3C-C(=O)-CH_3$ (acetone)
2. H_3O^+

Cyclohexylmagnesium bromide → 1-Cyclohexyl-1-methylethanol
3차 알코올

9. 케토-엔올 토토머화

카보닐기의 바로 인접한 위치에 있는 탄소를 α 탄소라고 하고 α 탄소에 결합되어 있는 수소를 α 수소라고 한다.

α 수소 —C—C(=O)— α 탄소

α 수소를 가지고 있는 알데하이드 또는 케톤은 엔올 이성질체와 **케토-엔올 토토머화**(keto-enol tautomerism)라고 하는 평형을 이루고 있다. 보통의 알데하이드 또는 케톤은 거의 케토 이성질체로 존재한다. 예로, 아세톤은 99.99% 이상이 케토 이성질체이다.

$$H_2C(H){-}C(=O){-}CH_3 \rightleftharpoons H_2C{=}C(OH){-}CH_3$$

케토 이성질체 >99.99% 엔올 이성질체

Acetone

엔올은 평형에서 소량으로 존재하고 분리할 수 없지만 카보닐 화합물의 화학에 매우 중요한 중간체이다.

$$R{-}C(=O){-}\ddot{C}H_2^- \xrightarrow{H-OH} R{-}C(=O){-}CH_3 + :\ddot{O}H^-$$

케토 토토머

10. 알돌 축합 반응

알데하이드를 NaOH 수용액과 같은 염기로 처리하면 두 분자의 알데하이드가 결합하여 **알돌**(aldol)이라고 하는 구조의 화합물을 생성한다.

$$2CH_3CHO + OH^- \rightleftharpoons CH_3CH(OH)CH_2CHO$$

Acetaldehyde 3-Hydroxybutanal (β-hydroxyaldehyde) (알돌)

이 반응을 **알돌 축합 반응**(aldol condensation reaction)이라고 부른다. *Aldehyde*와 alcoh*ol*로부터 유래된 "aldol"이란 단어는 생성물인 *β-hydroxyaldehyde*를 의미한다.

반응 메커니즘의 첫번째 단계에서는 알데하이드로부터 낮은 농도의 엔올 음이온이 형성된다.

$$CH_3\overset{O}{\overset{\|}{C}}H + OH^- \rightleftharpoons \ddot{C}H_2\overset{O}{\overset{\|}{C}}H + H_2O$$

반응은 가역적으로 진행되며 엔올 음이온이 반응 용기 내에 있는 다른 알데하이드 분자의 카보닐기에 첨가되면 알콕사이드 이온이 형성된다. 이것이 물 분자로부터 양성자를 얻으면 알돌이 생성된다.

$$CH_3\overset{:\ddot{O}:}{\overset{\|}{C}}H + \underset{..}{C}H_2\overset{O}{\overset{\|}{C}}H \rightleftharpoons \left[CH_3\overset{:\ddot{O}:^-}{\overset{|}{C}}HCH_2\overset{O}{\overset{\|}{C}}H\right] \xrightleftharpoons{H_2O} CH_3\overset{OH}{\overset{|}{C}}HCH_2\overset{O}{\overset{\|}{C}}H + OH^-$$

알돌 축합 반응의 생성물인 β-hydroxyaldehyde를 산 촉매 존재 하에서 가열해 주면 쉽게 물이 제거되면서 ***α, β*-불포화 알데하이드**(α, β-unsaturated aldehyde)가 생성된다. 물이 쉽게 제거되는 이유는 이중 결합과 카보닐기가 컨쥬게이션되어 있는 α, β-불포화 알데하이드가 β-hydroxyaldehyde보다 열역학적으로 훨씬 더 안정하기 때문이다.

$$CH_3\overset{OH}{\overset{|}{C}}HCH_2\overset{O}{\overset{\|}{C}}H \xrightleftharpoons[\Delta]{H^+} CH_3CH{=}CH\overset{O}{\overset{\|}{C}}H + H_2O$$

3-Hydroxybutanal　　　2-Butenal (crotonaldehyde)

실험 6-1 Phenyl magnesium bromide와 acetophenone의 반응

$$\text{PhBr} \xrightarrow{\text{Mg/Et}_2\text{O}} \text{PhMgBr} \xrightarrow{\text{acetophenone}} \text{Ph}_2\text{C(CH}_3\text{)OH}$$

1. 50 mL의 적하깔때기, 냉각기와 자석젓개가 장치된 200 mL의 3구 둥근바닥 플라스크의 접합 부위를 테플론 테이프를 사용하여 잘 밀봉한다.
2. 감압 하에서 불꽃으로 반응용기를 가열하여 습기를 제거하고 식힌다.
3. 플라스크에 마그네슘 1.2 g (50.0 mmol)과 습기를 제거한 디에틸 에터 20 mL을 넣고 플라스크를 밀봉한 다음 고무풍선을 이용하여 질소기류를 채운다.
4. Bromobenzene 5.2 mL (7.85 g, 50.0 mmol)을 20 mL의 습기를 제거한 디에틸 에터에 녹인 용액을 저어주면서 적하깔때기를 통하여 천천히 가한다. 이 때 마그네슘이 녹으면서 반응 용액은 밝은 노란색에서 갈색을 띠는 회색으로 변한다.
5. 마그네슘이 다 녹으면 10 분간 더 저어준다.
6. 만들어진 phenyl magnesium bromide 용액에 acetophenone 6.0 mL (6.0 g, 50.0 mmol)을 20 mL의 습기를 제거한 디에틸 에터에 녹인 용액을 저어주면서 적하깔때기를 통하여 천천히 가한다.
7. 반응 혼합물을 물중탕에서 환류시킨 다음 실온으로 식힌다.
8. 반응 혼합물에 얼음 20 g을 넣고 저어주면서 50 mL 10% 묽은 염산을 천천히 가한다
9. 반응 혼합물을 분액 깔때기로 옮기고 디에틸 에터 50 mL씩으로 두 번 추출한다. 유기층을 분리하고 무수 황산마그네슘으로 습기를 제거한 다음 아세트산 에틸/헥산 (1 : 10) 혼합 용매를 사용하여 TLC하면 $R_f = 0.2$에서 1,1-diphenylethanol이 확인된다.
10. 용매를 제거하고 TLC 조건과 동일한 혼합 용매와 실리카 젤을 사용하여 관크로마토그래피하면 생성물인 1,1-diphenylethanol이 얻어진다.
11. 수득률을 계산하고 생성물의 녹는점을 측정한 다음 IR과 NMR로 생성물의 구조를 확인한다.

결과보고서

LABORATORY EXPERIMENTS FOR ORGANIC CHEMISTRY

_____년 ___월 ___일 학번______________ 이름______________

1. 실험 제목

2. 실험 목적

3. 준비물

4. 실험 원리

5. 실험 방법

6. 관찰 사항

7. 결과 정리

8. 결론 및 고찰

실험 6.2 Phenyl magnesium bromide와 CO_2의 반응

1. 실험 6.1의 방법을 따라 습기가 제거된 디에틸 에터 용매에서 마그네슘 1.2 g (50.0 mmol)과 bromobenzene 5.2 mL (7.85 g, 50.0 mmol)로부터 만든 phenyl magnesium bromide에 10 g의 드라이아이스 (CO_2)조각을 실온에서 천천히 가하면서 저어준다. 10분간 더 저어준 다음 3*N*-HCl 20 mL을 천천히 가한다.
2. 반응 혼합물을 분액 깔때기로 옮기고 5% HCl을 이용하여 중화한 다음 유기층을 분리한다. 물층을 30 mL 씩의 디에틸 에터를 이용하여 두 번 더 추출한다. 유기층들을 모으고 무수 황산마그네슘으로 습기를 제거한 다음 용매를 제거한다.
3. 얻어진 고체를 물에서 재결정하면 순수한 benzoic acid가 얻어진다.
4. 수득률을 계산하고 생성물의 녹는점을 측정한 다음 IR과 NMR로 생성물의 구조를 확인한다.

LABORATORY EXPERIMENTS FOR
ORGANIC CHEMISTRY

결과보고서

LABORATORY EXPERIMENTS FOR ORGANIC CHEMISTRY

_____년 ___월 ___일 학번______________ 이름______________

1. 실험 제목

2. 실험 목적

3. 준비물

4. 실험 원리

5. 실험 방법

6. 관찰 사항

7. 결과 정리

8. 결론 및 고찰

실험 6.3 Benzaldehyde와 semicarbazide의 반응

CHO

+ $NH_2NHCONH_2$ ⟶ C=N–NH–C(=O)–NH_2

Benzaldehyde Semicarbazide 1-Benzylidenesemicarbazide

1. 자석젓개가 장치된 100 mL 삼각플라스크의 물 15 mL에 K_2HPO_4 1.0 g과 semicarbazide hydrochloride 0.5 g ($NH_2CONHNH_2 \cdot HCl$, 4.5 mmol)을 녹이고 얼음중탕으로 5°C 이하로 냉각한다.
2. 50 mL 삼각플라스크의 에탄올 10 mL에 benzaldehyde 0.5 mL (0.5 g, 4.7 mmol)을 녹인 다음 이 용액을 semicarbazide 용액에 가하면서 저어준다.
3. 5°C 이하에서 10 분 동안 방치한 다음 생성된 결정을 거르고 찬물 1~2 mL로 씻고 에탄올에서 재결정한다.
4. 수득률을 계산하고 녹는점을 측정한 다음 IR 및 NMR을 이용하여 구조를 확인한다.

LABORATORY EXPERIMENTS FOR

ORGANIC CHEMISTRY

결과보고서

LABORATORY EXPERIMENTS FOR ORGANIC CHEMISTRY

_____년 ___월 ___일 학번_______________ 이름_______________

1. 실험 제목

2. 실험 목적

3. 준비물

4. 실험 원리

5. 실험 방법

6. 관찰 사항

7. 결과 정리

8. 결론 및 고찰

7 카복실산과 유도체

카복실산(carboxylic acid)은 **카복시기**(carboxy group, $-CO_2H$)를 포함하고 있는 유기 화합물이다. 카복시기는 카보닐기와 하이드록시기를 포함하고 있기 때문에 극성이 크다.

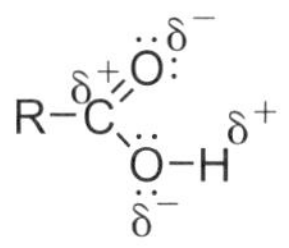

카복시기
극성 구조

카복실산 유도체에는 **할로젠화 아실**(acyl halide), **카복실산 무수물**(carboxylic acid anhydride), **에스터**(ester) 및 **아마이드**(amide)가 있다. 이 유도체들은 각각 다른 친핵체로 치환될 수 있는 작용기인 X(=Cl, Br, $^{-}$COR, OR, NH_2)를 가지고 있다. **나이트릴**(nitrile, R-CN)은 카복실산으로 가수분해될 수 있기 때문에 카복실산 유도체로 간주한다.

1. 카복실산의 구조 및 성질

카복실산의 카보닐 탄소는 sp^2 혼성이다. 카보닐 탄소의 세 sp^2 혼성 궤도함수는 각각 카보닐 산소, α 탄소 및 하이드록시 산소와 σ 결합을 형성하고 있다. 카보닐 탄소에 결합되어 있는 세 개의 원자는 같은 평면에 있으며 각각의 결합각은 약 120°이다. 카보닐 산소도 sp^2 혼성이다. Sp^2 혼성 궤도함수 중 한 개는 탄소와 σ 결합을 형성하고 있으며 다른 두 개의 sp^2 궤도함수는 비공유전자가 차지하고 있다. 남아있는 카보닐 산소의 p 궤도함수는 카보닐 탄소의 p 궤도함수와 겹쳐져 π 궤도함수를 형성한다.

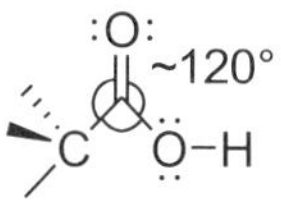

카보닐 π 궤도함수는 하이드록시기의 비공유전자쌍 중 하나와 컨쥬게이션 되어 있다. 카복실산은 다음과 같이 π 계가 비편재화되어 있는 공명혼성체이다.

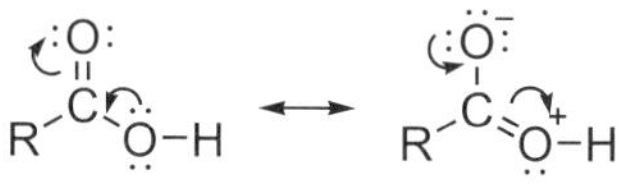

카복실산은 알코올과 마찬가지로 다른 분자들과 수소 결합을 형성한다.

2. 카복실산의 산성도

묽은 수용액 속에서 완전히 해리하는 HCl이나 H_2SO_4와 같은 무기산에 비해 카복실산은 약 1% 내외만 해리하는 약한 산이다. 그러나 이들은 수용액이 H^+이온의 특징적인 신맛을 보여주는 분명한 산이다.

$$RC(=O)\text{-}\ddot{O}H + H_2O \rightleftharpoons RC(=O)\text{-}\ddot{O}:^- + H_3O^+$$

pKa = 0.7~ 5.0 카복실산 음이온

카복실산은 같은 하이드록시기를 가지고 있는 알코올 보다 훨씬 작은 pK_a 값을 보여준다.

표 7-1 대표적인 산들의 산성도.

산의 이름	구조	이온화 상수 K_a	pK_a
Formic acid	HCOOH	2.1×10^{-4}	3.68
Acetic acid	CH_3COOH	1.8×10^{-5}	4.74
Propanoic acid	CH_3CH_2COOH	1.4×10^{-5}	4.85
Chloroacetic acid	$ClCH_2COOH$	1.5×10^{-3}	2.82
Dichloroacetic acid	$Cl_2CHCOOH$	5.0×10^{-2}	1.30
Trichloroacetic acid	Cl_3CCOOH	2.0×10^{-1}	0.70
Butanoic acid	$CH_3CH_2CH_2COOH$	1.6×10^{-5}	4.80
2-Chlorobutanoic acid	$CH_3CH_2CHClCOOH$	1.4×10^{-3}	2.85
3-Chlorobutanoic acid	$CH_3CHClCH_2COOH$	8.9×10^{-5}	4.05
4-Chlorobutanoic acid	$CH_2ClCH_2CH_2COOH$	3.0×10^{-5}	4.5
Benzoic acid	C_6H_5COOH	6.6×10^{-5}	4.18
o-Chlorobenzoic acid	*o*-Cl-C_6H_5COOH	12.5×10^{-4}	2.90
p-Chlorobenzoic acid	*p*-Cl-C_6H_5COOH	1.0×10^{-4}	4.00
p-Nitrobenzoic acid	*p*-O_2N-C_6H_5COOH	4.0×10^{-4}	3.40
Ethanol	CH_3CH_2OH	1.0×10^{-16}	16.00
Water	H_2O	1.8×10^{-16}	15.74
Hydrochloric acid	HCl	1.0×10^{7}	−7
Sulfuric acid	H_2SO_4	1.0×10^{9}	−9

3. 카복실산의 구조가 산성도에 미치는 영향

카복실산의 산성도는 유도 효과의 영향을 크게 받는다. 전기음성도가 큰 치환체가 카복시기의 인접한 위치에 치환되어 있으면 해리된 카복실산 음이온의 음전하가 그 치환체 쪽으로 분산되므로 음이온이 안정화된다.

$$\overset{\delta^-}{Cl}\leftarrow CH_2-\overset{\delta^+}{C}(=O)O^-$$

전자끌개 염소 원자 때문에
음전하 안정화됨

음이온이 안정화 될수록 음이온을 형성하는 평형상수 즉 산성도는 커진다. 더불어, 전기음성도가 큰 치환체의 수가 많을수록, 카복시기에 가까울수록 커진다. 산성도의 크기는 acetic acid < chloroacetic acid < dichloroacetic acid < trichloroacetic acid와 butanoic acid < 4-chlorobutanoic acid < 3-chlorobutanoic acid < 2-chlorobutanoic acid 순으로 증가한다.

4. 카복실산의 제법

간단한 카복실산인 formic acid와 acetic acid는 공업적인 방법으로 대량 생산된다. formic acid는 높은 온도와 압력 하에서 일산화 탄소와 수산화 소듐을 반응시킴으로써 제조된다.

$$CO + NaOH \xrightarrow[100°C]{100\ psi} HCOO^-Na^+ \xrightarrow{H_3O^+} HCOOH$$

Acetic acid를 대량 생산할 때는 Rh^{3+}와 I_2 촉매 존재 하에서 일산화탄소와 methanol을 높은 온도와 압력으로 처리하는 Monsanto 공정이 이용된다.

$$CH_3OH + CO \xrightarrow[\text{Monsanto 공정}]{Rh^{+3},\ I_2,\ 30\sim40\ atm,\ 180°C} CH_3COOH$$

1차 알코올 또는 알데하이드를 산화시키면 카복실산이 얻어진다. 산화제로는 $KMnO_4$, CrO_3 또는 HNO_3 등이 이용된다.

$$CH_3CH(Cl)CH_2CH_2OH \xrightarrow[25°C]{KMnO_4,\ OH^-} CH_3CH(Cl)CH_2COOH \xleftarrow[25°C]{KMnO_4,\ OH^-} CH_3CH(Cl)CH_2CHO$$

3-Chlorobutanol　　3-Chlorobutanoic acid　　3-Chlorobutanal

알킬 곁사슬을 가지고 있는 방향족 화합물을 산화제로 처리하면 방향족 고리는 안정하기 때문에 산화되지 않고 알킬 사슬만 카복시기로 산화된다.

$$H_3C-C_6H_4-CH_3 \xrightarrow{HNO_3} HOOC-C_6H_4-COOH$$

p-Xylene → 1,4-Benzenedicarboxylic acid (terephthalic acid)

Grignard 시약은 알데하이드 또는 케톤에서와 거의 같은 메커니즘으로 이산화탄소에 첨가될 수 있다. 생성된 카복실산 염을 산 수용액으로 처리하면 카복실산이 생성된다.

$$CH_3CH_2MgBr + O{=}C{=}O \longrightarrow CH_3CH_2CO^-Mg^+Br \xrightarrow{H_3O^+} CH_3CH_2COOH$$

Ethyl magnesiumbromide → Propanoic acid

나이트릴 화합물들을 산 촉매 존재 하에서 가수분해하면 카복실산으로 전환된다.

$$CH_3CH_2CH_2CN \xrightarrow[\text{가열}]{H_3O^+} CH_3CH_2CH_2COOH$$

Butanenitrile (butyl cyanide) → Butanoic acid (butyric acid)

5. 친핵성 아실 치환 반응

알데하이드와 케톤의 카보닐 탄소에는 친핵체가 첨가되는 친핵성 아실 첨가 반응을 통해 주로 사면체형 생성물이 얻어진다.

$$R(C{=}O)R' + :Nu^- \longrightarrow [RR'C(O^-)Nu] \xrightarrow{H_3O^+} RR'C(OH)Nu$$

그러나 카복실산과 카복실산 유도체에서는 **친핵성 아실 치환 반응**(nucleophilic acyl substitution)이 일어난다. 아실기가 안정한 음이온으로 이탈될 수 있는 치환기 Y에 결합되어 있다. 알데하이드와 케톤에는 이와 같은 이탈기가 없으므로 친핵성 아실 치환 반응을 하지 않는다.

$$R(C{=}O)Y + :Nu^- \longrightarrow [RC(O^-)(Y)Nu] \longrightarrow R(C{=}O)Nu + :Y^-$$

카복실산 유도체의 반응성은 Y의 전기음성도가 클수록 카보닐 탄소의 양전하 밀도가 커지므로 친핵체에 대한 반응성이 커진다.

$R-C(=O)-NR'R''$ (아마이드) → $R-C(=O)-OR'$ (에스터) → $R-C(=O)-O-C(=O)-R'$ (카복실산 무수물) → $R-C(=O)-Cl$ (염화 아실)

반응성 증가

카복실산 유도체들이 보여주는 중요한 특징들 중의 하나는 반응성이 큰 유도체로부터 반응성이 더 작은 유도체로 전환시키기는 쉽지만 반응성이 작은 유도체로부터 반응성이 더 큰 유도체를 만드는 것은 쉽지 않다는 점이다. 따라서 카복실산 무수물로부터 에스터나 아마이드는 쉽게 만들 수 있지만 할로젠화 아실은 만들 수 없다.

6. 카복실산 염의 형성 및 환원

다른 무기 산들과 마찬가지로 카복실산도 염기로 처리하면 빠르게 중화되면서 염을 형성한다.

$$RC(=O)-OH + NaOH \longrightarrow RC(=O)-O^-Na^+ + H_2O$$

카복실산 / 수산화 소듐 강염기 / Sodium salt 약염기

물을 증발시키면 생성된 염이 분리된다. 카복실산을 에디 용매에서 강한 환원제인 $LiAlH_4$로 처리하면 1차 알코올로 환원된다.

$$\text{Cyclopropyl-COOH} \xrightarrow[\text{2. } H_3O^+]{\text{1. } LiAlH_4\text{, diethyl ether}} \text{Cyclopropyl-}CH_2OH$$

Cyclopropanecarboxylic acid → Cyclopropylmethanol

이 반응은 친핵성 아실 치환 반응의 메커니즘을 따라 진행된다. 첫 번째 단계는 $LiAlH_4$의 수소 음이온(H^-, hydride ion)이 카복실산의 산성 수소를 제거하는 것으로부터 시작된다. 수소 음이온은 카복실산 음이온의 카보닐 탄소에 첨가되고 알루미늄에 배위된 산소 음이온이 치환되면 알데하이드가 형성된다. 환원 반응에 대한 반응성이 카복실산보다 훨씬 큰 알데하이드는 수소 음이온에 의해 빠르게 알콕사이드 이온으로 환원된다. 반응이 끝난 다음 산 수용액으로 뒤처리하면 알코올이 형성된다.

$$CH_3COOH + H_3Al{-}H \longrightarrow H_2 + CH_3C(=O)O{-}AlH_2(H) \longrightarrow CH_3CH(O^-)O{-}AlH_2$$

$$\downarrow$$

$$CH_3CH_2OH \xleftarrow{H_3O^+} CH_3CH(O^-)H \longleftarrow CH_3C(=O)H + H{-}AlH{-}O^-$$

카복실산을 카복실산 유도체들로 전환시키는 것은 카복실산의 또 다른 중요한 반응이다.

7. 할로젠화 아실 화합물

카복실산을 $SOCl_2$ 또는 PBr_3로 처리하면 각각 염화 아실 화합물과 브로민화 아실 화합물이 얻어진다.

$$C_6H_{11}COOH \xrightarrow{SOCl_2} C_6H_{11}COCl$$

Cyclohexanecarboxylic acid Cyclohexanecarboxyl chloride

$$CH_3CH_2CH(CH_3)COOH \xrightarrow{PBr_3} CH_3CH_2CH(CH_3)COBr$$

2-Methylbutanoic acid 2-Methylbutanoyl bromide

할로젠화 아실 화합물들은 카복실산 유도체들 중 가장 반응성이 크기 때문에 쉽게 다른 유도체들로 전환된다. 반응은 친핵성 아실 치환 반응의 메커니즘으로 진행된다. 할로젠화 아실 화합물을 물로 처리하면 카복실산으로 전환되고 피리딘과 같은 염기 존재 하에서 알코올과 반응하면 에스터가 된다.

$$C_6H_{11}COCl \xrightarrow{H_2O} C_6H_{11}COOH$$

Cyclohexanecarboxyl chloride Cyclohexanecarboxylic acid

$$CH_3\overset{O}{\overset{\|}{C}}Br + CH_3CH_2CH_2OH \xrightarrow{pyridine} CH_3\overset{O}{\overset{\|}{C}}OCH_2CH_2CH_3 + \text{Pyridinium}^{+}\,Br^-$$

Acetyl bromide　　Propanol　　Propyl acetate　　Pyridinium bromide

또한 할로젠화 아실 화합물은 암모니아 또는 아민과 빠르게 반응하여 아마이드를 형성한다.

$$CH_3CH_2CH_2\overset{O}{\overset{\|}{C}}Cl + 2NH_3 \longrightarrow CH_3CH_2CH_2\overset{O}{\overset{\|}{C}}NH_2 + NH_4Cl$$

Butanoyl chloride　　Butanamide

$$C_6H_5\overset{O}{\overset{\|}{C}}Cl + 2CH_3CH_2NH_2 \longrightarrow C_6H_5\overset{O}{\overset{\|}{C}}NHCH_2CH_3 + CH_3CH_2NH_3^+Cl^-$$

Benzoyl chloride　　*N*-Ethylbenzamide

8. 카복실산 무수물

카복실산 무수물은 두 분자의 카복실산에서 물 한 분자가 제거된 형태의 구조를 가지고 있다.

$$CH_3\overset{O}{\overset{\|}{C}}OH + HO\overset{O}{\overset{\|}{C}}CH_3 \xrightarrow{-H_2O} CH_3\overset{O}{\overset{\|}{C}}O\overset{O}{\overset{\|}{C}}CH_3$$

카복실산 두 분자　　카복실산 무수물
물이 제거된 형태

카복실산을 할로젠화 아실로 처리하면 카복실산 무수물이 생성된다.

$$CH_3CH_2CH_2\overset{O}{\overset{\|}{C}}Cl + CH_3CH_2CH_2\overset{O}{\overset{\|}{C}}OH \xrightarrow{-HCl} CH_3CH_2CH_2\overset{O}{\overset{\|}{C}}O\overset{O}{\overset{\|}{C}}CH_2CH_2CH_3$$

Butanoyl chloride　　Butanoic acid　　Butanoic anhydride

카복실산 무수물은 할로젠화 아실 다음으로 반응성이 큰 유도체이며 할로젠화 아실과 비슷하게 반응한다. 즉, 물과 반응하면 카복실산으로, 알코올과 반응하면 에스터로 전환된다.

$$\text{salicylic acid } (o\text{-hydroxybenzoic acid}) + CH_3COCCH_3 \text{ (acetic anhydride)} \xrightarrow{aq\text{-NaOH}} \text{aspirin}$$

salicylic acid
(*o*-hydroxybenzoic acid)
acetic anhydride
aspirin

아민과의 반응에서는 아마이드가 얻어진다.

$$CH_3COCCH_3 \xrightarrow{2CH_3CH_2NH_2} CH_3CNHCH_2CH_3 + CH_3CH_2NH_3^+ \, CH_3CO^-$$

N-ethylacetamide

9. 에스터의 합성: Fischer 에스터화 반응

카복실산을 알코올과 단순히 섞어 놓으면 아무런 반응을 일으키지 않지만 소량의 황산 또는 염산과 같은 무기산을 첨가해 주면 에스터와 물이 생성된다. 이 반응을 **Fischer 에스터화 반응**(Fischer esterification)이라고 한다.

$$CH_3CH_2COH + CH_3CH_2OH \underset{}{\overset{H_2SO_4}{\rightleftharpoons}} CH_3CH_2COCH_2CH_3$$

Propanoic acid Ethanol Ethyl propanoate

이 반응은 평형 과정이기 때문에 카복실산 또는 알코올 중 어느 하나를 과량으로 사용하거나 생성되는 물을 제거해 주면 높은 수득률로 에스터를 얻을 수 있다.

Fischer 에스터화 반응에서 생성되는 물은 카복실산의 하이드록시기와 알코올의 산소 사이에서 형성된다. 이 때문에 만약 동위원소인 ^{18}O로 표지된 methanol과 benzoic acid를 에스터화 시킨다면 ^{18}O는 methyl benzoate에서만 확인된다. 이것은 전형적인 친핵성 아실 치환 반응의 메커니즘으로 설명된다.

첫 단계에서는 카보닐 산소에 양성자가 첨가된다.

$$C_6H_5COH + H\text{-}^{18}\overset{+}{O}(CH_3)H \rightleftharpoons C_6H_5C(=\overset{+}{O}\text{-}H)OH + {}^{18}O(CH_3)H$$

Benzoic acid

양성자가 첨가되어 양전하 밀도가 증가된 카보닐 탄소에 알코올 분자가 첨가되고 알코올이 갖고 있던 양성자가 제거되면 사면체형 중간체가 형성된다.

사면체형 중간체

마지막 단계는 사면체형 중간체의 하이드록시 산소 중 하나에 양성자가 첨가되는 것으로 시작된다. 양성자화된 중간체에서 물이 제거되면 양성자화된 에스터가 형성되고 이것으로부터 양성자가 제거되면 중성인 에스터가 생성된다.

Methyl benzoate

Fischer 에스터화 반응은 이와 같이 친핵성 아실 치환 반응의 메커니즘으로 진행되기 때문에 ^{18}O는 methyl benzoate에서만 확인된다

10. 락톤

하이드록시기와 카복시기가 탄소사슬로 연결되어 있는 화합물에서 에스터화 반응이 일어나면 고리형 에스터인 **락톤**(lactone)이 생성된다. 다섯 또는 여섯 원자 고리 락톤(γ-lactone 또는 δ-lactone)이 특히 잘 만들어진다.

$$\overset{\delta}{H O C H_2}\overset{\gamma}{C H_2}\overset{\beta}{C H_2}\overset{\alpha}{C H_2}CO_2H \rightleftharpoons \delta\text{-Lactone}$$

5-Hydroxypentanoic acid
(δ-hydroxyvaleric acid)

δ-Lactone

11. 에스터의 가수분해와 가아민 분해

산 또는 염기 촉매 하에서 에스터가 가수분해되면 알코올과 카복실산이 된다. 산 촉매 존재 하에서 일어나는 가수분해 반응은 Fischer 에스터화 반응의 역반응이며 과량의 물을 사용하면 평형이 가수분해 되는 쪽으로 기울어진다.

$$\text{Ethyl cyclopentanecarboxylate} \xrightleftharpoons{H^+,\ \text{과량의 물}} \text{Cyclopentanecarboxylic acid} + CH_3CH_2OH$$

Ethyl cyclopentanecarboxylate　　Cyclopentanecarboxylic acid

염기 촉매 존재 하에서 진행되는 가수분해 반응을 **비누화**(saponification, 라틴어로 비누인 sapon에서 유래)라고 하며 이 반응을 이용하여 동물의 지방으로부터 비누가 만들어진다. 친핵성 아실 치환 반응의 메커니즘으로 진행되는 이 반응에서는 하이드록사이드 이온이 카보닐 탄소를 공격함으로써 시작된다. 알콕사이드 이온이 카복실산으로부터 양성자를 제거하여 카복실산 음이온과 알코올을 생성하는 마지막 단계는 비가역적으로 진행된다.

$$CH_3COOCH_2CH_3 + :\ddot{O}H^- \rightleftharpoons CH_3C(O^-)(OH)OCH_2CH_3 \rightleftharpoons CH_3COOH + CH_3CH_2\ddot{O}^-$$

$$\downarrow$$

$$CH_3COO^- + CH_3CH_2OH$$

에스터를 암모니아 또는 아민으로 처리하면 아마이드가 생성된다.

$$C_6H_5COCH_3(=O) \xrightarrow{NH_3} C_6H_5COH(=O) + CH_3OH$$

Methyl benzoate　　Benzoic acid

할로젠화 아실을 이용하면 더 효과적으로 아마이드를 만들 수 있기 때문에 이 반응은 잘 이용하지 않는다.

12. 에스터의 환원 반응

에터 용매에서 에스터를 $LiAlH_4$로 처리하면 1차 알코올로 환원된다.

$$C_6H_5CH{=}CHCOCH_2CH_3(=O) \xrightarrow[2.\ H_3O^+]{1.\ LiAlH_4,\ \text{ether}} C_6H_5CH{=}CHCH_2OH$$

Ethyl cinnamate　　*trans*-3-Phenyl-2-propen-1-ol

반응 메커니즘은 $LiAlH_4$로부터 발생된 수소 음이온이 에스터의 카보닐 탄소에 첨가되는 것으로 시작되는 반응의 중간 단계에서 알데하이드가 형성된다. 알데하이드는 빠르게 수소 음이온의 공격을 받아 알콕사이드 음이온으로 환원된다. 반응이 끝난 다음 산 수용액으로 뒤처리하면 1차 알코올이 생성된다.

$$R\text{-}C(=O)(OR') + \bar{A}lH_3 \longrightarrow R\text{-}C(O\text{-}\bar{A}lH_3)(H)(OR') \xrightarrow{H-\bar{A}lH_2(OR')} R\text{-}C(=O)\text{-}H$$

알데하이드

$$R\text{-}CH_2\text{-}O\text{-}\bar{A}lH_2(OR') \xrightarrow{H_3O^+} R'OH + RCH_2OH$$

1차 알코올

13. 에스터와 Grignard 시약의 반응

에스터가 2당량의 Grignard 시약과 반응하면 3차 알코올이 생성된다. 이 반응도 에스터 환원 반응의 일종이다.

$$CH_3CH_2CH_2\overset{O}{\overset{\|}{C}}OCH_3 + CH_3MgI \xrightarrow[2.\ H_3O^+]{1.\ \text{diethyl ether}} CH_3CH_2CH_2C(OH)(CH_3)CH_3 + CH_3OH$$

Methyl butanoate   Methyl magnesium iodide   2-Methyl-2-pentanol

반응의 첫 단계에서 Grignard 시약이 에스터 카보닐을 공격하면 친핵성 아실 치환 반응이 일어나 케톤이 생성된다.

$$R\overset{O}{\overset{\|}{C}}OR' + R''MgX \longrightarrow R\text{-}C(O^-MgX)(R'')\text{-}OR' \longrightarrow \left[R\text{-}\overset{O}{\overset{\|}{C}}\text{-}R''\right] + R'OMgX$$

게톤
분리 안됨

생성된 케톤은 두 번째 Grignard 시약과 빠르게 반응하기 때문에 분리할 수 없으며 3차 알콕사이드로 전환된다. 이것을 산 수용액으로 뒤처리하면 3차 알코올이 생성된다.

$$\left[R\text{-}\overset{O}{\overset{\|}{C}}\text{-}R''\right] + R''MgX \longrightarrow R\text{-}C(O^-MgX)(R'')\text{-}R'' \xrightarrow{H_3O^+} R\text{-}C(OH)(R'')\text{-}R''$$

3차 알코올

14. Claisen 축합 반응

α 수소를 가지고 있는에스터에 sodium alkoxide와 같은 염기를 소량 가하면 두 분자의에스터가 축합되어 ***β* 케토에스터**(β-ketoester)가 생성되는데 이 반응을 **Claisen 축합 반응**(Claisen condensation)이라고 부른다.

$$\underset{\text{Ethyl acetate}}{CH_3\overset{O}{\overset{\|}{C}}OCH_2CH_3} \xrightarrow[2.\ H_3O^+]{1.\ NaOCH_2CH_3} \underset{\substack{\text{Ethyl acetoacetate} \\ \beta\text{-케토에스터}}}{CH_3\overset{O}{\overset{\|}{C}}\underset{\beta\ \alpha}{}CH_2\overset{O}{\overset{\|}{C}}OCH_2CH_3}$$

Claisen 축합 반응의 메카니즘은 염기에 의해 엔올 음이온이 생성되는 것으로부터 시작하고 전 과정이 가역적으로 진행된다. 형성된 엔올 음이온이 친핵체로 작용하여 다른에스터 분자의 카보닐 탄소에서 친핵성 아실 치환 반응을 일으키면 β 케토에스터가 생성된다. β 케토에스터에 있는 $-CH_2-$ 수소는 두 카보닐의 α 위치에 있기 때문에 보통의 카보닐 α 수소보다 산성도가 훨씬 크다. 이 $-CH_2-$ 수소는 염기(CH_3CH_2O-)에 의해 쉽게 제거된다. 생성된 β 케토엔올 음이온은 공명에 의해 안정화되므로 평형은 β 케토엔올 음이온 쪽으로 크게 기울어진다. 용액을 산성화 하면 β 케토에스터가 분리될 수 있다.

$$CH_3CH_2\ddot{\underset{..}{O}}{:}^- + H{-}CH_2\overset{O}{\overset{\|}{C}}OCH_2CH_3 \rightleftharpoons {:}\overset{-}{C}H_2\overset{O}{\overset{\|}{C}}OCH_2CH_3 + CH_3CH_2OH$$

$$CH_3\overset{O}{\overset{\|}{C}}OCH_2CH_3 + {:}\overset{-}{C}H_2\overset{O}{\overset{\|}{C}}OCH_2CH_3 \rightleftharpoons CH_3\underset{OCH_2CH_3}{\overset{:\ddot{O}:^-}{\overset{|}{\underset{|}{C}}}}CH_2\overset{O}{\overset{\|}{C}}OCH_2CH_3$$

$$CH_3\underset{OCH_2CH_3}{\overset{:\ddot{O}:^-}{\overset{|}{\underset{|}{C}}}}CH_2\overset{O}{\overset{\|}{C}}OCH_2CH_3 \rightleftharpoons CH_3CH_2\ddot{\underset{..}{O}}{:}^- + \underset{\beta\ \text{케토에스터}}{CH_3\overset{O}{\overset{\|}{C}}\underset{H}{\underset{|}{C}}H\overset{O}{\overset{\|}{C}}OCH_2CH_3}$$

$$\Big\Updownarrow$$

$$\left[CH_3\overset{:\ddot{O}:^-}{\overset{|}{C}}{=}CH\overset{O}{\overset{\|}{C}}OCH_2CH_3 \longleftrightarrow CH_3\overset{O}{\overset{\|}{C}}\overset{..}{\underset{-}{C}}H\overset{O}{\overset{\|}{C}}OCH_2CH_3 \longleftrightarrow CH_3\overset{O}{\overset{\|}{C}}CH{=}\overset{:\ddot{O}:^-}{\overset{|}{C}}OCH_2CH_3\right]$$

β 케토엔올 음이온, 공명에 의해 안정화 됨

$$\Big\downarrow H_3O^+$$

$$CH_3\overset{O}{\overset{\|}{C}}CH_2\overset{O}{\overset{\|}{C}}OCH_2CH_3$$

Ethyl acetoacetate
β 케토에스터

15. 아마이드

아마이드는 반응성이 가장 낮은 카복실산 유도체이다. 화학적으로 안정하기 때문에 생체 구성물질로서 자연계에 널리 분포되어 있다. 아마이드기를 통해 아미노산이 반복적으로 결합한 것이 단백질이다.

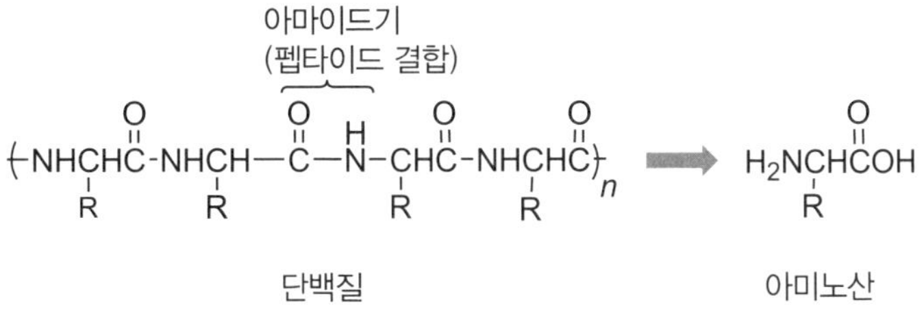

아마이드기
(펩타이드 결합)

단백질 → 아미노산

약리작용을 보여주는 아마이드의 예로는 진통제로 사용되는 tylenol과 부정맥 치료제인 procainamide hydrochloride를 들 수 있다.

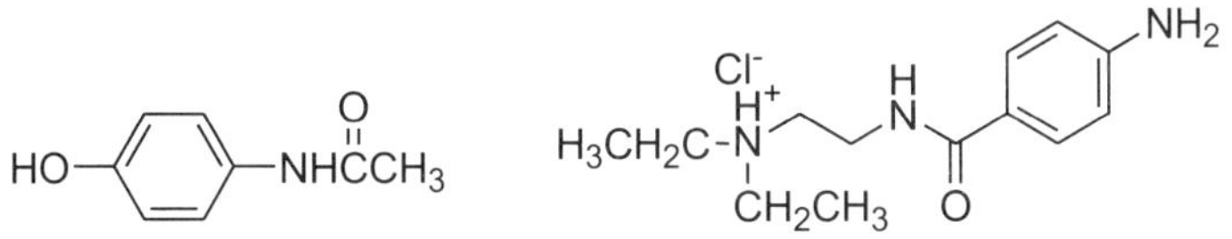

Tylenol　　Procainamide hydrochloride

고리형 아마이드를 **락탐**(lactam)이라고 하는데 페니실린은 락탐의 일종이다.

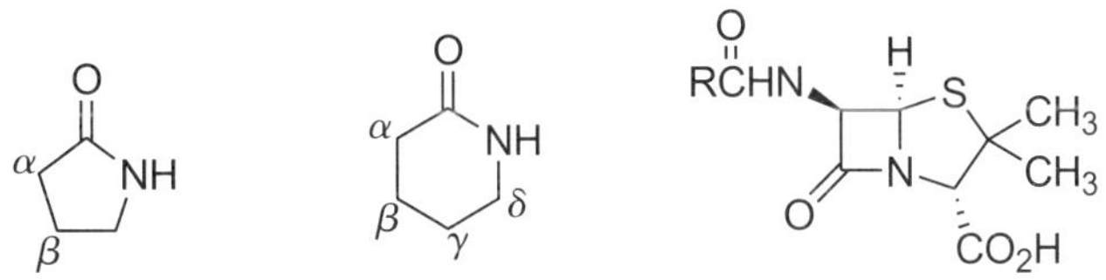

γ-Butyrolactam　　δ-Valerolactam　　Penicillin (일종의 β 락탐)

아마이드는 극성이 매우 크고 카복실산과 비슷한 형태로 수소 결합을 형성한다.

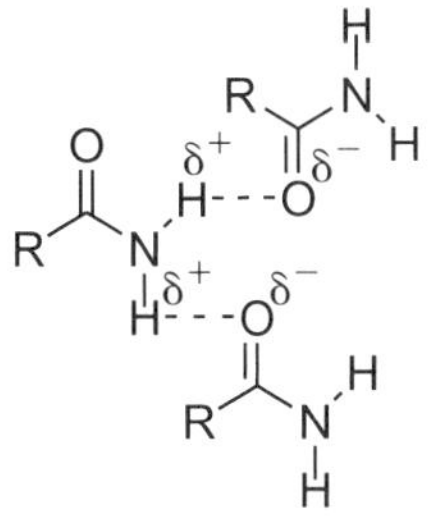

아마이드는 할로젠화 아실, 카복실산 무수물 및 에스터로부터 얻을 수 있다. 아마이드를 산 또는 염기수용액에서 가열하면 카복실산과 아민으로 가수분해된다.

$$\underset{\text{Butanamide}}{CH_3CH_2CH_2\overset{O}{\overset{\|}{C}}NH_2} \xrightarrow[\text{가열}]{H_3O^+ \text{ 또는 } OH^-} \underset{\text{Butanoic acid}}{CH_3CH_2CH_2\overset{O}{\overset{\|}{C}}OH} + NH_3$$

$LiAlH_4$와 같은 환원제로 처리하면 아마이드가 환원된다. 다른 카복실산 유도체들의 환원에서는 알코올이 얻어지지만 아마이드에서는 아민이 생성된다.

$$\underset{\text{4-Methylpentanamide}}{CH_3\underset{CH_3}{\underset{|}{C}}HCH_2CH_2\overset{O}{\overset{\|}{C}}NH_2} \xrightarrow[2.\ H_3O^+]{1.\ LiAlH_4,\ \text{ether}} \underset{\text{4-Methylpentylamine}}{CH_3\underset{CH_3}{\underset{|}{C}}HCH_2CH_2CH_2NH_2}$$

16. 나이트릴

나이트릴 화합물들은 카복시기를 가지고 있지 않지만 시아노기의 화학이 카복실산의 화학과 비슷하며 사이아노기의 탄소가 카복시기와 산화수가 같기 때문에 카복실산 유도체로 분류된다.

나이트릴은 보통 1차 또는 2차 할로알케인을 시안산 음이온으로 처리하여 얻는다.

$$\underset{\text{Bromobutane}}{CH_3CH_2CH_2CH_2Br} + \underset{\text{Sodium cyanide}}{Na^+CN^-} \longrightarrow \underset{\text{Pentanenitrile}}{CH_3CH_2CH_2CH_2CN} + NaBr$$

나이트릴은 산 또는 염기 수용액에서 가열하면 카복실산으로 가수분해된다.

$$\underset{\text{Benzyl cyanide}}{C_6H_5\text{—}CH_2CN} \xrightarrow[\text{가열}]{H_3O^+ \text{ 또는 } OH^-} \underset{\text{Phenylacetic acid}}{C_6H_5\text{—}CH_2\overset{O}{\overset{\|}{C}}OH}$$

나이트릴을 $LiAlH_4$와 같은 환원제로 처리하면 아민으로 환원된다.

$$\underset{\text{Benzenenitrile}}{C_6H_5\text{—}CN} \xrightarrow[2.\ H_3O^+]{1.\ LiAlH_4,\ \text{ether}} \underset{\text{Benzylamine}}{C_6H_5\text{—}CH_2NH_2}$$

나이트릴을 Grignard 시약으로 처리하면 이민 음이온이 형성되는데 이것을 산 수용액으로 가수분해하면 케톤이 생성된다.

$$CH_3CH_2C{\equiv}N: \xrightarrow{H_3C-MgI} \left[CH_3CH_2C(=N^-MgI^+)CH_3\right] \xrightarrow{H_3O^+} CH_3CH_2C(=O)CH_3$$

Propanenitrile　　이민 음이온　　2-Butanone

실험 7.1 카보닐 유도체(benzoyl chloride)의 아실 첨가 반응

$$\text{Benzoyl chloride} + \text{Phenol} \xrightarrow{aq\text{-NaOH}} \text{Phenyl benzoate}$$

Benzoyl chloride　　Phenol　　Phenyl benzoate

1. 자석젓개가 장치된 50 mL의 삼각플라스크의 물 10 mL에 Phenol 0.5 g (5.3 mmol)을 녹인다. 이 용액에 메틸 레드 용액 1방울과 benzoyl chloride 0.6 mL (0.75 g, 5.4 mmol)을 넣고 저어준다.
2. 반응 혼합물에 용액의 색깔이 노란색에서 붉은색으로 변할 때까지 5 *N*-NaOH을 천천히 적가한다.
3. 반응 혼합물을 100 mL 분액 깔때기에 옮기고 20 mL씩의 디에틸 에터를 이용하여 두 번 추출한다.
4. 추출 용액을 무수 황산마그네슘으로 수분을 제거한 다음 거르고 회전식 증발기를 이용하여 용매를 제거하고 ethanol에서 재결정하면 생성물인 phenyl benzoate가 얻어진다.
5. 수득률을 계산하고 녹는점을 측정한 다음 IR 및 NMR을 이용하여 구조를 확인한다.

LABORATORY EXPERIMENTS FOR
ORGANIC CHEMISTRY

결과보고서

LABORATORY EXPERIMENTS FOR
ORGANIC CHEMISTRY

_____년 ___월 ___일 학번_____________ 이름_____________

1. 실험 제목

2. 실험 목적

3. 준비물

4. 실험 원리

5. 실험 방법

6. 관찰 사항

7. 결과 정리

8. 결론 및 고찰

실험 7.2 Methyl salicylate의 가수분해

$$\text{Methyl salicylate} \xrightarrow[\text{2. } aq\text{-HCl}]{\text{1. } aq\text{-NaOH}} \text{Salicylic acid}$$

Methyl salicylate

Salicylic acid

1. 자석젓개와 냉각기가 장치된 100 mL 이구 둥근바닥 플라스크의 물 30 mL과 NaOH 5 g을 녹인다.
2. 저어주면서 methyl salicylate 3.0 mL (3.5 g, 23 mmol)을 천천히 가한다.
3. 기름중탕을 이용하여 30 분간 환류하고 TLC를 이용하여 반응 종결(methyl salicylate가 모두 사라짐)을 확인한다. 전개 용매, 에틸 아세테이트/헥산 = 1 : 9, methyl salicylate의 R_f 값 = 0.5).
4. 반응이 종결되면 실온에서 식힌 다음 반응 혼합물을 250 mL 삼각플라스크에 옮기고 묽은 염산을 이용하여 반응 용액이 산성이 되게 한다. 방치했을 때 생성되는 결정을 거르고 물에서 재결정한다.
5. 재결정한 salicylic acid의 수득률을 계산하고 녹는점을 측정한다. IR과 NMR을 이용하여 구조를 확인한다.

LABORATORY EXPERIMENTS FOR
ORGANIC CHEMISTRY

결과보고서

LABORATORY EXPERIMENTS FOR ORGANIC CHEMISTRY

_____년 ___월 ___일 학번______________ 이름______________

1. 실험 제목

2. 실험 목적

3. 준비물

4. 실험 원리

5. 실험 방법

6. 관찰 사항

7. 결과 정리

8. 결론 및 고찰

8 다이아조늄 염의 형성

일차 아민을 아질산(nitrous acid)으로 처리하면 **다이아조늄 이온**(diazonium ion)이 생성되는데, 이 과정은 다음과 같은 몇 개의 단계를 거쳐 진행된다. 아질산은 낮은 온도의 묽은 염산에 아질산 소듐(sodium nitrite, $NaNO_2$)을 가함으로써 용기 내에서 만들어진다.

$$NaNO_3 + aq\text{-}HCl \xrightarrow{0°C} HO-N=O + NaCl$$

아질산이 양성자화 되면 반응성이 매우 큰 **나이트로실 양이온**(nitrosyl cation, NO^+)이 발생된다.

$$HO-N=O \underset{}{\overset{H_3O^+}{\rightleftharpoons}} H_2\overset{+}{O}-N=O \rightleftharpoons \overset{+}{N}=O + H_2O$$

나이트로실 양이온이 아민을 공격하면 **N-나이트로사민**(N-nitrosamine)이 생성된다.

$$R-NH_2 + \overset{+}{N}=O \longrightarrow R-\overset{+}{N}H_2-N=O \;(+\,H_2O) \longrightarrow R-NH-N=O + H_3O^+$$

알킬다이아조늄 염은 매우 불안정하지만 아릴다이아조늄 염은 수용액 속에서 비교적 안정하기 때문에 몇 시간 동안 보관할 수 있다.

아릴다이아조늄 염은 여러 가지 방향족 화합물로 전환될 수 있는 매우 중요한 중간체이다. 아릴다이아조늄 염을 CuCl, CuBr 또는 CuCN과 함께 50~100°C로 가열하면 다이아조늄 이온의 N_2가 Cl, Br 또는 CN으로 치환된다. 이 때 Cu^+이온은 반응의 촉매로서 작용한다.

이 반응은 1884년 스위스의 Traugott Sandmeyer가 발견했는데 발견자의 이름을 따라 **Sandmeyer 반응**이라고 한다.

NH_2

$NaNO_2$, HCl
0°C

CuBr → Br ← $N_2^+Cl^-$ → CuCl → Cl

CuCN

CN

N_2를 아이오딘 또는 플루오린으로 치환할 때는 KI 또는 fluoroboric acid(HBF_4)로 처리하면 된다. 또 아릴다이아조늄 염을 뜨거운 산 수용액으로 가열하면 N_2가 OH로, hypophosphorous acid (H_3PO_2)로 처리하면 N_2가 H로 치환된다.

I

KI

HBF_4 F ← $N_2^+Cl^-$ → H_3O^+ OH

H_3PO_2

H

실험 8.1 Azo-coupling 반응(Methyl orange의 생성)

$$HO_3S-C_6H_4-NH_2 \xrightarrow{NaNO_2} {}^{+}Na^{-}O_3S-C_6H_4-\overset{+}{N}\equiv N$$

Sodium *p*-diazosulfanilate

$$ {}^{+}Na^{-}O_3S-C_6H_4-\overset{+}{N}\equiv N + C_6H_5N(CH_3)_2 \longrightarrow {}^{+}Na^{-}O_3S-C_6H_4-N=N-C_6H_4-N(CH_3)_2$$

N,N-Dimethylaniline　　Methyl orange

1. 자석젓개가 장치된 250 mL 둥근바닥 플라스크의 10 mL의 물에 0.29 g $NaHCO_3$을 녹인다.
2. 기름중탕에서 Sulfanilic acid sodium salt (4-$(H_2N)C_6H_4SO_3Na.xH_2O$)) 1.0 g을 가하고 가열하면서 녹인다.
3. 실온으로 식힌 다음 0.37 g sodium nitrite (5.3 mmol)를 가하고 녹을 때까지 저어준다.
4. 반응 혼합물을 100 mL의 삼각플라스크에 옮기고 얼음물 8 mL과 진한 염산 1.25 mL을 가한 다음 5°C 이하에서 저어준다. 이 때 *p*-diazosulfanilate의 미세한 침전물이 형성된다.
5. 10 mL 시험관의 1.0 mL 아세트산에 *N,N*-dimethylaniline 0.7 mL (0.66 g, 5.5 mmol)을 녹인 용액을 5°C 이하에서 *p*-diazosulfanilate의 현탁액에 가하면서 빠르게 저어준다.
6. 반응 혼합물에 10% NaOH 용액 7.5 mL을 반응 혼합물이 염기성이 될 때까지 (pH 시험지 를 이용하여 확인) 천천히 가한다.
7. 반응 혼합물을 15분 정도 가열하면 고체가 녹으면서 methyl orange가 생성된다.
8. 반응 용액에 2.5 g NaCl을 넣고 녹인 다음 얼음중탕에서 냉각하면 methyl orange의 결정이 형성된다.
9. 여과하고 말린 다음 수득률을 계산하고 녹는점을 측정한다. IR 및 NMR을 이용하여 구조를 확인하다.

LABORATORY EXPERIMENTS FOR
ORGANIC CHEMISTRY

결과보고서

LABORATORY EXPERIMENTS FOR
ORGANIC CHEMISTRY

_____년 ___월 ___일 학번_____________ 이름_____________

1. 실험 제목

2. 실험 목적

3. 준비물

4. 실험 원리

5. 실험 방법

6. 관찰 사항

7. 결과 정리

8. 결론 및 고찰

9 유기 고분자 화학

단위체(monomer)라고 하는 작은 반복 단위가 연결되어 만들어진 거대 분자를 **고분자**(polymer)라고 한다. 고분자는 합성 방법에 따라 **사슬 성장 고분자**(chain growth polymer)와 **단계 성장 고분자**(step growth polymer)로 분류된다. 사슬 성장 고분자는 단위체가 연속적으로 첨가됨으로써 합성된다. 라디칼, 양이온 또는 음이온 메커니즘으로 진행되고 메커니즘은 **사슬 개시 단계**, **사슬 전파 단계** 및 **사슬 종결 단계**의 세 단계로 이루어져 있다. 단계 성장 고분자는 물이나 알코올과 같은 작은 분자가 제거되면서 단위체들이 서로 연결된 고분자이다.

한 개의 치환체를 가지고 있는 이중결합이 **머리-꼬리 방식**으로 고분자화되면 **동일배열 고분자**(isotactic polymer), **규칙배열 고분자**(syndiotactic polymer) 또는 **혼성배열 고분자**(atactic polymer)가 얻어진다.

두 가지 이상의 단위체로부터 얻어진 고분자는 **동종고분자**(homopolymer)라 하고 두 종류 이상의 단위체로부터 얻어진 고분자는 **혼성고분자**(alternating copolymer), 이외에 **구역혼성고분자**(block copolymer) 및 **무작위 혼성 고분자**(random copolymer)가 있다.

고분자는 물리적 성질에 따라 **열가소성 고분자**(thermoplastic polymer)와 **열경화성 고분자**(thermosetting polymer)로 나누어진다. 열가소성 고분자는 결정성과 무정형성을 모두 가지고 있는 고분자이다. 열경화성 고분자는 교차 결합 때문에 고분자가 만들어지면 용매나 열을 가하여 녹일 수 없다. 고분자를 유연하게 하기 위해 **가소제**(plasticizer)를 첨가한다.

1. 축합 중합체

축합 고분자(condensed polymer) 물질들은 단위체가 사슬을 이루며 결합하기 위한 적당한 조건들에서 두 개 또는 그 이상의 반응 능력이 있는 작용기를 갖고 있는 단위체로부터 얻어진다. 생성되는 반응은 에스터, 아미드, 아민, 에테르 등을 생성하는 친핵 치환 반응와 방향족 화합물의 알킬화 반응을 일으키는 친전자 치환 반응을 포함하는 몇 가지의 경우를 포함한다. 여러 가지의 중요한 축합 고분자 물질들로는 다음과 같은 poly(hexamethylene adipamide), polyurethane, cpxy rcsin 등이 포함된다.

Polyurethane의 합성에서는 독립 성분의 하나가 단위체 단위의 덩어리라 할지라도 합성이 가능하며, 이러한 축합 반응에서 단위체와 같은 저분자량 고분자 덩어리를 사용하면 다른 상태로는 얻어질 수 없는 물리적 성질을 갖는 분자량이 더 큰 고분자 물질들이 만들어진다. 간단한 방법으로는 epoxy 수지들이 중합된 2,3-epoxypropyl기들과 아민이 중합됨으로써 끝난다.

아래에 주어진 예에서처럼 두 개의 교대로 된 단위체 마디로부터 축합 고분자 물질이 형성될 때는 두 단위체가 실제로 같은 몰수의 양으로 존재한다는 사실은 매우 중요하다. 만약 그렇지 않다면 더 다양한 성분이 말단기가 되기 때문에 저분자량의 고분자 물질이 형성될 것이다. 이러한 형태의 중요한 예로, 6-aminohexanoic acid로부터 또는 caprolactam을 형성하는 반응을 들 수 있다.

2. 첨가 중합체

대부분의 첨가 고분자(addition polymer) 물질들을 비록 epoxide, C=O, C=N기가 역시 각각 다른 것에 첨가되기는 하지만 종단하는 결합(end-to-end combination)에 의하여 형성된다. 단위체에 의존하는 중합 반응은 이중 결합에 대한 친핵성, 친전자성 또는 자유 라디칼 공격이 이루어지며, 각각의 경우에 있어서 첫 번째 단위체에 대한 첨가에 의하여 중합 반응이 시작되기 위하여 소량의 개시제가 필요하다. 아래에 상업적으로 중요한 몇 가지의 첨가 고분자 물질을 합성하는 화학 반응식을 기술하였다.

양이온:

$$C_6H_5CH=CH_2 \xrightarrow[TiCl_4]{Et_3Al} -\!\!\left(CH(C_6H_5)\text{-}CH_2\right)_n\!\!-$$

자유라디칼:

$$H_2C=CH\text{-}CN \xrightarrow[H_2O_2/H_2O]{FeSO_4} -\!\!\left(CH\text{-}CH(CN)\right)_n\!\!-$$

음이온 :

$$\text{(ethylene oxide)} \xrightarrow{RO^-} -\!\!\left(CH_2CH_2O\right)_n\!\!-$$

여러 고분자 물질들의 실험실 규모의 합성은 다음 실험 부분에서 설명한 과정들에 의하여 이루어지지만 매일 톤 단위의 중합체를 생산하는 공업적 규모에서는 이러한 실험실적인 합성법과는 다른 방법으로 생산하며, 일반적으로 보다 더 경제적인 방법이 이용된다. 또한 더 다량으로 생산할 경우에는 원하는 성질을 가진 고분자 물질들을 재생하여 얻을 수 있도록 하기 위하여 반응 조건을 조절하지 않으면 안 된다. 고분자 물질에서 관찰되는 대부분의 특이한 성질들은 가소성(plasticity)에 대한 강도(rigidity), 뽑아낸 섬유의 강도(세기), 필름의 투명도(clarity), 높은 온도와 화학 약품에 대한 안전성 등이다.

실험 9.1 Polystyrene의 합성

$$\text{Styrene (HC=CH}_2\text{–C}_6\text{H}_5) \xrightarrow{\text{AIBN}} \text{Polystyrene } \left(\text{–CH(C}_6\text{H}_5)\text{–CH}_2\text{–}\right)_n$$

1. 라디칼 개시제인 AIBN(azobisisobutyronitrile)을 메탄올에 녹여서 만든 포화 용액을 냉각함으로써 얻어진 AIBN의 백색 결정을 말린다.
2. 20 mL 시험관의 styrene 5 mL (4.95 g, 47 mmol)에 AIBN 0.01 g을 넣어 녹이고 질소 기류 하에서 물중탕을 이용하여 60~70°C로 24시간 동안 가열한다.
3. 형성된 딱딱한 고체 덩어리를 잘게 부수어 THF에 녹인다.
4. 메탄올 200~300 mL 용액을 저어주면서 THF에 녹인 용액을 적가한다.
5. 침전되는 고체를 거르고 진공 오븐에서 건조시킨다.
6. 얻어진 백색 분말 형태의 polystyrene의 수득률을 계산하고 IR로 구조를 확인한 다음 DSC와 GPC 등을 측정한다.

LABORATORY EXPERIMENTS FOR

ORGANIC CHEMISTRY

결과보고서

LABORATORY EXPERIMENTS FOR ORGANIC CHEMISTRY

_____년 ___월 ___일 학번_____________ 이름_____________

1. 실험 제목

2. 실험 목적

3. 준비물

4. 실험 원리

5. 실험 방법

6. 관찰 사항

7. 결과 정리

8. 결론 및 고찰

실험 9.2 Nylon의 합성

$$H_2N\text{-}(CH_2)_6\text{-}NH_2 + ClC(=O)\text{-}(CH_2)_8\text{-}C(=O)Cl \longrightarrow \text{-}[NH\text{-}C(=O)\text{-}(CH_2)_8\text{-}C(=O)\text{-}NH\text{-}(CH_2)_6]_n\text{-}$$

Hexamethylenediamine　　Sebacoyl Chloride　　Nylon

1. 자석젓개가 장치된 100 mL 삼각플라스크의 물 20 mL에 1.0 g의 수산화소듐을 녹이고 저어주면서 hexamethylenediamine 1.0 g (8.6 mmol)을 넣는다.
2. 반응 혼합물에 sebacoyl chloride 2.0 mL (2.24 g, 9.4 mmol)의 hexane 용액 20 mL을 저어주면서 천천히 가한다.
3. 형성된 경계면이 흔들리지 않도록 주의하면서 두 액체상의 경계면에 생성된 나이론 고체를 유리막대에 감은 다음 물 또는 에탄올로 충분히 씻어준다.
4. 생성된 나이론을 말린 다음 무게를 달고 분광학적 데이터를 측정한 다음 구조를 확인한다.

**주의:* Hexamethylenediamine, sebacoyl chloride 및 수산화소듐은 부식성이 강하고 피부, 눈 및 호흡기 등을 자극이 강하므로 후드에서 실험해야 한다.

LABORATORY EXPERIMENTS FOR
ORGANIC CHEMISTRY

결과보고서

LABORATORY EXPERIMENTS FOR ORGANIC CHEMISTRY

_____년 ___월 ___일 학번______________ 이름______________

1. 실험 제목

2. 실험 목적

3. 준비물

4. 실험 원리

5. 실험 방법

6. 관찰 사항

7. 결과 정리

8. 결론 및 고찰

10 탄소-탄소 결합 형성 반응

1. Suzuki 반응

Suzuki 반응은 팔라듐 촉매에 의한 유기 할로젠화물(R′X′)과 유기보레인(RBY_2)으로부터 새로운 C−C 결합이 형성되면서 생성물(R−R′)을 만드는 반응이다. $Pd(PPh_3)_4$가 일반적인 팔라듐 촉매이고 NaOH나 $NaOCH_2CH_3$와 같은 염기 존재하에서 반응을 한다.

$$R'\text{-}X + R\text{-}BY_2 \xrightarrow[NaOH]{Pd(PPh_3)_4} R'\text{-}R + HO\text{-}BY_2 + NaX$$

X = Br, I 유기붕소 화합물 새로운 C−C 결합

sp^2 혼성화된 탄소에 할로겐(X)가 치환되어 있는 할로젠화 바이닐과 할로젠화 아릴이 보통 사용되고, 할로젠은 보통 Br이나 I이다. Suzuki 반응은 완벽하게 입체특이적이다. *시스* 할로젠화 바이닐과 *트랜스* 바이닐보레인은 *cis, trans*-1.3-다이엔을 형성한다

Suzuki 반응의 메커니즘은 개념적으로 세 부분으로 나눌 수 있다. 팔라듐 촉매에 R′−X의 산화성 첨가, 유기보레인으로부터 팔라듐으로의 알킬기의 전이, 그리고 새로운 탄소-탄소 결합을 만드는 R−R′의 환원성 제거이다. 팔라듐 촉매는 환원성 제거에서 다시 생성되기 때문에 팔라듐은 촉매량만큼만 필요하다.

2. Stille 반응

Stille coupling은 Pd(0)를 촉매로 하는 organostannane과 electrophile로 aryl halide를 사용하는 C−C 결합 형성 반응의 하나이다.

$$R\text{-}C_6H_4\text{-}X + R^1\text{-}SnR^2_3 \xrightarrow[Base]{Pd(0)} R\text{-}C_6H_4\text{-}R^1 \qquad R^1 = \text{aryl or vinyl}$$

Stille coupling의 촉매 순환은 Ar−X 결합으로의 산화성 첨가, 금속 교환 및 환원성 제거로 이루어진다. 반응 혼합물에 넣어주는 촉매는 $(Ph_3P)_4Pd$ 또는 $Pd_2(dba)_3$(dba = dibenzylideneacetone)와 같은 Pd(0) 화학종이거나 아니면 $(Ph_3P)_4PdCl_2$ 또는 $Pd(OAc)_2/2AsPh_3$와 같은 Pd(II) 화학종이다. 넣어준 촉매가 Pd(II)이면 촉매 순환이 시작되기 전에 Pd(0)로 변환되어야 한다.

3. Ullman 반응

Pd 촉매 coupling 반응이 발견되기 아주 오래 전부터 biaryl의 거의 유일한 합성법으로 사용되어 온 반응이 ullman reaction이다. 이 반응에서 Cu 금속은 Ar−X의 짝지음 반응을 촉진하여 Ar−Ar이 생성된다.

X = Cl, Br, I

R_1 Cu(0) Δ R_1 R_1

Aryl halide *biaryl*

4. Sonogashira 반응

말단 alkyne(RC≡CH)과 alkenyl 또는 aryl halide(R′X) 간에 CuI가 조촉매로 존재하면 Pd-촉매 cross coupling이 일어나는데 이를 sonogashira coupling이라 한다. Triethlamine 또는 diethylamine이 용매로 사용된다. Arylalkyne 또는 enyne이 생성물로 얻어지게 된다.

R^1 H CuI Base R^1 Cu $°PdL_2$ R^2-X R^1 R^2

R_1 = CHO, COMe, CO_2Me

R_2 = $SiMe_3$, Ph, *n*-Bu

Sonogashira coupling은 alkynylcopper의 생성에서 시작된다. Aryl halide가 Pd(0)로 산화성 첨가가 일어나고, copper(I) cetylide(RC≡C−Cu)와의 금속 교환 또는 ligand 치환으로 alkyne이 Pd(II) 착물의 X-를 대치하게 된다. 환원성 제거로 생성물이 유리된다.

CuI가 존재하면 sonogashira coupling에 필요한 온도가 100°C 이상에서 상온으로 낮아진다.

5. Yamamoto 반응

Yamamoto coupling의 경우 일반적인 전이금속 촉매에 의한 oxidative addition-transmetallation-reductive elimination의 3단계 메카니즘 대신 oxidaive addition-disproportionation-reductive elimination 반응으로 진행된다고 알려져 있다. 따라서 다른 반응에 비해 Ni 촉매의 사용량이 당량으로 소모되는 단점이 있다.

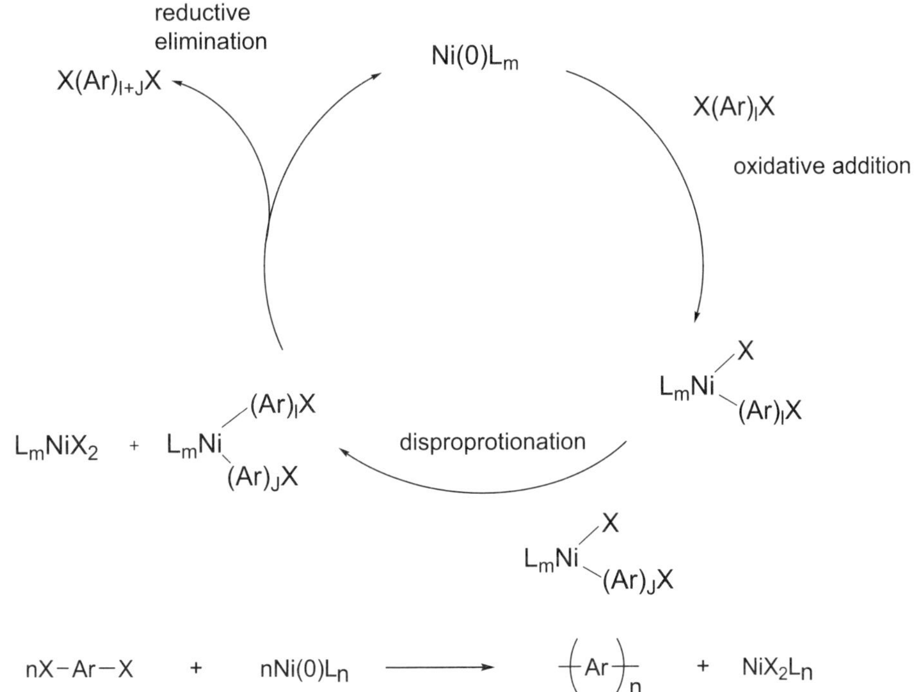

$$nX-Ar-X + nNi(0)L_n \longrightarrow \left(Ar\right)_n + NiX_2L_n$$

Ni(0) 촉매를 이용한 Yamamoto 반응은 주로 호모커플링하는 데 이용되며 높은 반응성을 가져서 Br뿐만 아니라 I, Cl을 가진 단량체로 고분자 합성이 가능하며, 여러 가지 functional group을 가진 단량체에도 적용이 가능하다.

하지만 대부분 중합 반응 시간이 길며, 니켈 촉매의 안정성이 약해 쉽게 활성을 잃고 분해되기 쉽다는 단점을 가진다.

실험 10.1 2-Bromothiophene의 Suzuki 반응

2-Bromothiophene + Benzeneboronic acid $\xrightarrow{K_2CO_3,\ Pd(PPh_3)_4/THF}$ 2-Phenylthiophene

1. 자석젓개와 냉각기가 장치된 100 mL의 이구 둥근바닥 플라스크에 2-bromothiophene 2.0 mL (3.37 g, 21.0 mmol)과 benzeneboronic acid 2.6 g (21.0 mmol)을 THF 20 mL에 녹인다.
2. 반응 혼합물에 2M-$CaCO_3$ 수용액 10 mL과 $Pd(PPh_3)_4$ 0.14 g (0.12 mmol)을 가하고 5 시간 동안 환류한다.
3. 실온으로 식힌 다음 30 mL씩의 다이클로로메테인으로 두번 추출한 다음 무수 황산마그네슘을 사용하여 습기를 제거한다.
4. 회전식 증발기를 이용하여 용매를 제거한 다음 남은 고체를 hexane에서 재결정한다.
5. 수득률을 계산하고 녹는점을 측정한 다음 NMR을 이용하여 구조를 확인한다.

결과보고서

LABORATORY EXPERIMENTS FOR
ORGANIC CHEMISTRY

_____년 ___월 ___일 학번______________ 이름______________

1. 실험 제목

2. 실험 목적

3. 준비물

4. 실험 원리

5. 실험 방법

6. 관찰 사항

7. 결과 정리

8. 결론 및 고찰

실험 10.2 2-Bromothiophene의 Yamamoto 반응

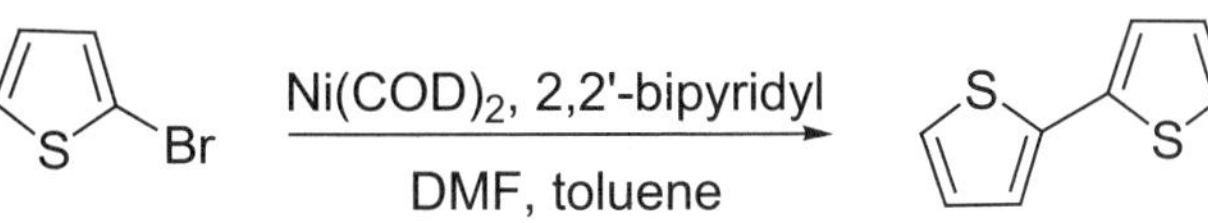

1. 자석젓개와 적하깔때기가 장치된 100 mL 이구둥근바닥 플라스크의 DMF 20 mL $Ni(COD)_2$, 2.8 g (10.0 mmol), 2,2'-bipyridyl 1.6 g (10.0 mmol)을 넣고 80°C로 가열하면서 저어준다.
2. 2-bromothiophene 1.0 mL (1.7 g, 10.0 mmol)을 20 mL의 톨루엔에 녹인 용액을 적하깔때기를 통해 가하고 80°C에서 15 시간 동안 저어준다.
3. TLC를 이용하여 2-bromothiophene이 모두 사라졌음을 확인한 다음 실온으로 식힌다.
4. 회전식 증발기를 이용하여 반응 혼합물을 농축하고 분액 깔때기로 옮긴 다음 물 50 mL을 가한다.
5. 50 mL씩의 디에틸 에터를 이용하여 두 번 추출하고 무수 황산마그네슘을 사용하여 유기층의 습기를 제거한 다음 회전식 증발기를 이용하여 용매를 제거한다.
6. hexane을 용리제를 사용하여 실리카 겔 상에서 관크로마토그래피 하면 생성물인 2,2'-bithiophene이 분리된다.
7. 수득률을 계산하고 녹는점을 측정한 다음 NMR로 구조를 확인한다.

LABORATORY EXPERIMENTS FOR
ORGANIC CHEMISTRY

결과보고서

LABORATORY EXPERIMENTS FOR ORGANIC CHEMISTRY

_____년 ___월 ___일 학번______________ 이름______________

1. 실험 제목

2. 실험 목적

3. 준비물

4. 실험 원리

5. 실험 방법

6. 관찰 사항

7. 결과 정리

8. 결론 및 고찰

실험 10.3 Bromobenzene의 Stille 반응

2-(Tributylstannyl)pyridine ($Sn(C_4H_9)_3$) + Bromobenzene —$Pd(PPh_3)_4$/toluene→ 2-Phenylpyridine

1. 냉각기와 자석젓개가 장치된 200 mL의 이구둥근바닥 플라스크의 접합부위를 테플론 테이프를 사용하여 잘 밀봉한다.
2. 감압 하에서 불꽃으로 반응용기를 가열하여 습기를 제거하고 식힌다.
3. Bromobenzene 5.2 mL (7.85 g, 9.6 mmol), 2-(tributylstannyl)pyridine 3.5 g (9.6 mmol), $Pd(PPh_3)_4$ 0.27 g (1.5 mol%)과 습기와 산소를 제거한 톨루엔 50 mL을 넣고 냉각기에 질소기류를 채운 고무풍선을 연결하고 반응장치를 밀봉한 다음 90°C에서 18시간 동안 저어준다.
4. hexane 전개용매를 사용하는 TLC에서 반응 혼합물이 사라졌음을 확인하고 실온으로 식힌다.
5. 반응 혼합물을 분액 깔때기로 옮기고 물 50 mL을 이용하여 씻어준 다음 유기층을 분리한다. 디에틸 에터 50 mL를 이용하여 물층으로부터 무수 황산마그네슘을 이용하여 습기를 제거한다.
6. 회전식 증발기를 이용하여 용매를 제거하고 hexane을 용리제로 사용하여 실리카겔 상에서 관크로마토그래피하면 생성물인 2-phenylpyridine이 얻어진다.
7. 수득률을 계산하고 녹는점을 측정한 다음 NMR로 구조를 확인한다.

LABORATORY EXPERIMENTS FOR
ORGANIC CHEMISTRY

결과보고서

LABORATORY EXPERIMENTS FOR
ORGANIC CHEMISTRY

_____년 ___월 ___일 학번_____________ 이름_____________

1. 실험 제목

2. 실험 목적

3. 준비물

4. 실험 원리

5. 실험 방법

6. 관찰 사항

7. 결과 정리

8. 결론 및 고찰

실험 10.4 Bromobenzene의 Sonogashira 반응

$$\text{Phenylacetylene (Ph–C≡C–H)} + \text{Bromobenzene (Ph–Br)} \xrightarrow[\text{toluene, reflux}]{Pd(PPh_3)Cl_2,\ CuI,\ Et_3N} \text{Diphenylacetylene (Ph–C≡C–Ph)}$$

Phenylacetylene Bromobenzene Diphenylacetylene

1. 자석젓개와 냉각기가 장치된 100 mL 이구둥근바닥 플라스크의 toluene 20 mL에 Et_3N 20 mL, 2-bromothiophene 1.0 mL (1.7 g, 10 mmol), phenylacetylene 1.1 mL (1.0 g, 10 mmol), CuI 0.4 g (2.1 mmol), dichlorobis(triphenylphosphine)palladium(II) 1.4 g (2 mmol)을 넣고 환류하면서 18 시간 동안 저어준다.
2. TLC를 이용하여 2-bromothiophene이 모두 사라졌음을 확인한 다음 실온으로 식힌다.
3. 분액 깔때기로 옮기고 물 30 mL을 이용하여 반응 혼합물을 씻어준 다음 유기층을 분리한다.
4. 물층을 20 mL의 디에틸 에터로 추출하고 무수 $MgSO_4$로 습기를 제거한 다음 회전식 증발기를 이용하여 용매를 제거한다.
5. 뜨거운 에탄올을 이용하여 고체를 녹여 낸 다음 용액에서 미세한 고체가 생성될 때까지 소량의 물을 적가하고 방치하면 생성물인 diphenylacetylene의 결정이 생성된다.
6. 수득률을 계산하고 녹는점을 측정한 다음 IR과 NMR을 이용하여 구조를 확인한다.

결과보고서

LABORATORY EXPERIMENTS FOR
ORGANIC CHEMISTRY

_____년 ___월 ___일 학번_____________ 이름_____________

1. 실험 제목

2. 실험 목적

3. 준비물

4. 실험 원리

5. 실험 방법

6. 관찰 사항

7. 결과 정리

8. 결론 및 고찰

LABORATORY EXPERIMENTS FOR

ORGANIC CHEMISTRY

지은이 소개

▸ 김윤희

1990년 한국과학기술원 화학과 이학박사
현재 경상대학교 자연과학대학 화학과 교수

▸ 신성철

1987년 서울대학교 대학원 화학과 이학박사
현재 경상대학교 자연과학대학 화학과 교수

유기화학실험 수정판

❙ 2016년 3월 1일 수정판 1쇄 발행

지은이와의 합의로 인지 첩부를 생략함

❙ 편저자 김윤희, 신성철
❙ 발행인 박 종 성
❙ 발행처 사이플러스 Science plus
❙ 주 소 (우) 04003 서울특별시 마포구 잔다리로 101
❙ 전 화 02-332-6170~6171 / 팩스 02-332-6185
❙ 등 록 2005.10.20. 제 313-2005-00222호

❙ ISBN 978-89-92603-93-5 93430 값 23,000원

LABORATORY EXPERIMENTS FOR
ORGANIC CHEMISTRY